LES MÉRINOS

CORBEIL. — TYP. ET STÉR. DE CRÉTÉ.

BIBLIOTHÈQUE DE L'AGRICULTURE
Publiée sous la direction de J. A. BARRAL
Membre de la Société impériale et centrale d'Agriculture de France,
Directeur du *Journal de l'Agriculture*, etc.

LES

MÉRINOS

PAR

EMILE BAUDEMENT
Professeur de zootechnie au Conservatoire impérial des Arts et Manufactures,
Ancien professeur de zootechnie à l'Institut agronomique de Versailles,
Membre de la Société impériale et centrale d'Agriculture de France, etc..

précédés

DE CONSIDÉRATIONS GÉNÉRALES SUR L'ESPÈCE OVINE

PAR

LE COMTE GUY DE CHARNACÉ

PARIS
LIBRAIRIE D'ÉDUCATION ET D'AGRICULTURE
DE CHARLES DELAGRAVE ET Cie
RUE DES ÉCOLES, 78
1868

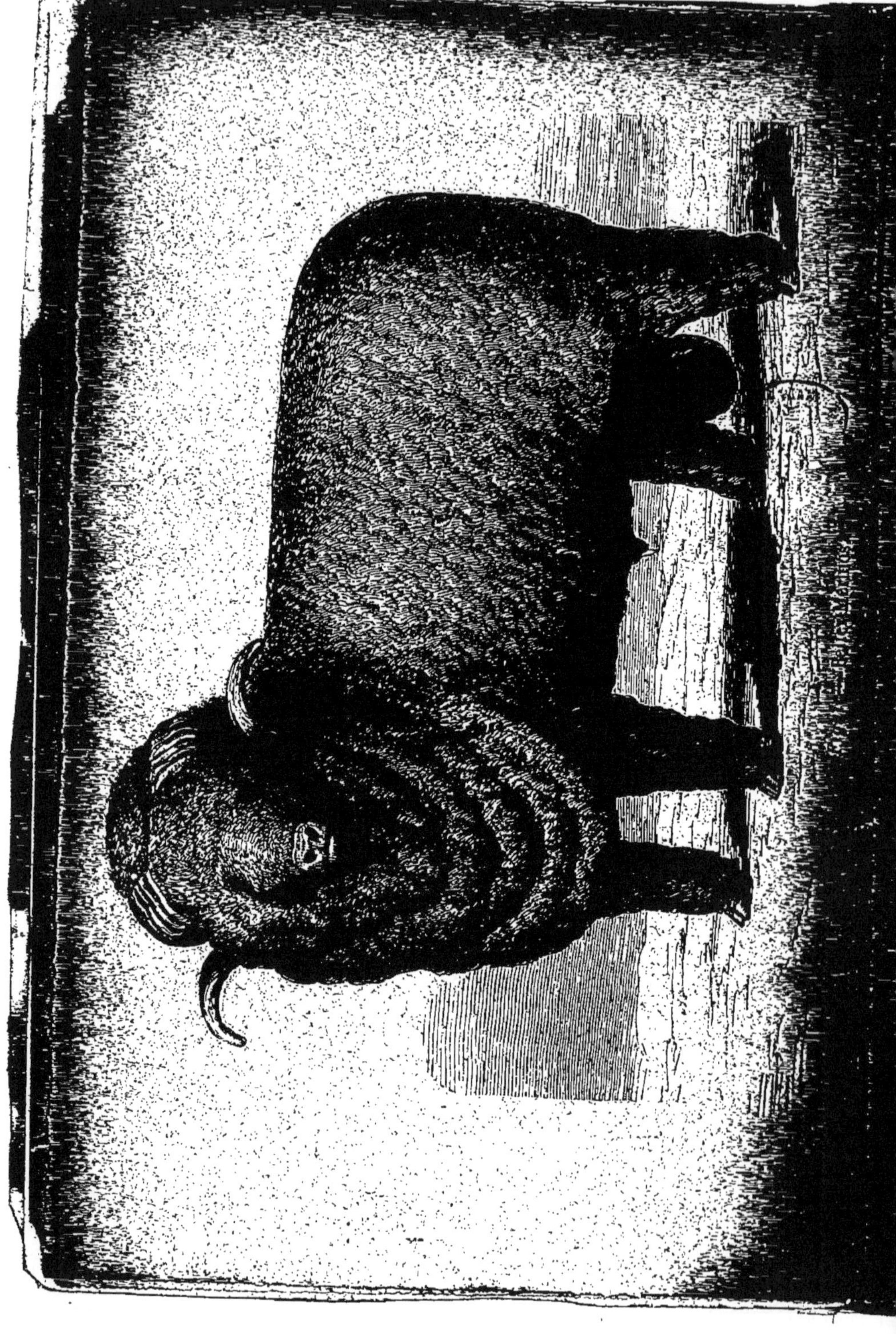

AVANT-PROPOS

ET

NOTICES SUR LA VIE ET SUR LES TRAVAUX

D'ÉMILE BAUDEMENT

La bienveillante sympathie d'un maître éminent, enlevé trop tôt à l'affection des siens, à ses amis et à la science, me vaut aujourd'hui l'honneur de recueillir les débris d'un précieux héritage.

Cette preuve de confiance que la digne veuve de Baudement a bien voulu me donner, je crois l'avoir méritée en respectant, non-seulement la pensée du maître, mais encore en donnant fidèlement le texte mis en ordre par son très-indigne héritier.

Le volume que nous livrons à la publicité, et qui, bientôt, sera suivi d'un autre plus important encore, contient l'historique de la race mérine, à peu près tel qu'il a été tracé au Conservatoire des arts et métiers, dans un cours de zootechnie, sans précédent jusqu'à celui du professeur. Quelques formules, inhérentes à l'enseignement oral, ont été seules modifiées.

Pour expliquer au lecteur comment j'ai pu oser élever un portique au monument du maître, je tiens à dire que les considérations suivantes sur l'espèce ovine ne sont pas autre chose que le développement de notes trouvées par moi dans les papiers laissés par Baudement. Cela posé, on me saura gré, j'en ai l'espoir, d'avoir essayé de terminer une ébauche que la mort n'a pas permis à l'auteur de livrer lui-même au public, comme il l'avait certainement résolu.

Dans une Notice historique sur les travaux de Baudement, lue à la Société Impériale et Centrale d'Agriculture de France, le 24 janvier 1866, M. Magne nous a fait connaître l'homme, l'écrivain et le savant. Je ne puis mieux faire que d'extraire quelques passages de cette Notice biographique, du savant directeur de l'École Impériale vétérinaire d'Alfort, pour faire apprécier l'éminent professeur dont je livre aujourd'hui au public une des œuvres posthumes.

« Baudement (Émile) était né à Paris le 16 novembre 1816. Il avait fait ses études, d'abord au séminaire de Conflans, et ensuite au collége Stanislas, où il était entré comme élève boursier.

« Fils d'un ébéniste, il avait peu de fortune, et, après avoir terminé ses études classiques, il donna, pendant quelques années, des leçons de littérature et de mathématiques ; mais il s'était principalement occupé d'histoire naturelle : encore jeune, il avait publié, à l'usage des colléges, des cahiers sur la botanique, la minéralogie, la géologie ; et, en 1845-1846, il faisait des conférences sur l'histoire naturelle, au lycée Napoléon.

« Les revues périodiques de l'époque renferment des travaux de notre confrère sur les diverses branches de la zoologie. En 1847, il avait présenté à l'Académie des sciences un mémoire sur le développement des animaux vertébrés. Je citerai encore l'article *Mammifères*, travail d'une grande portée, qui a été publié dans le *Dictionnaire* de d'Orbigny.

« La création de l'Institut agronomique de Versailles offrit à Baudement l'occasion d'utiliser ses connaissances, décida de son avenir, et vous assura la collaboration de cette belle intelligence, que la maladie devait briser au moment de sa plus grande puissance !

« Baudement obtint au concours la chaire de zootechnie à l'Institut agronomique en 1850, et, après la suppression de cet établissement, il fut nommé professeur de zoologie appliquée au Conservatoire impérial des arts et métiers.

« Il avait été élu membre de la Société impériale et centrale d'agriculture de France le 10 mars 1852, et c'est au commencement de 1863 que se sont manifestés les premiers symptômes de la maladie qui a mis fin à ses jours le 31 décembre de la même année.

« Treize ans ont donc suffi à Baudement pour exécuter les travaux dont il a enrichi la zootechnie ! Mais vous comprenez cette fécondité, vous qui n'avez pas oublié l'exactitude avec laquelle il assistait à vos séances, la part si active qu'il prenait à vos discussions, les communications savantes et les rapports si lucides dont il a enrichi vos publications.

« D'après le programme de l'Institut agronomique, les candidats aux chaires de professeur devaient exposer, dans une thèse, le plan de la partie de l'enseignement dont ils désiraient être chargés.

« Les divers candidats, dit une Notice sur Émile Baudement, publiée par les *Annales* du Conservatoire Impérial des arts et métiers, avaient rédigé leur programme, et celui de Baudement s'identifiait si parfaitement avec la pensée qui avait présidé à la fondation de l'Institut agronomique, que toutes les sympathies lui furent tout d'abord acquises ; et lorsque, quelques jours plus tard, on le vit traiter avec une grande distinction de parole, en leçon publique, deux sujets difficiles, son succès fut absolument assuré (1). »

« L'administration de laquelle dépendait l'Institut agronomique, convaincue de la haute importance de la zootechnie, n'avait rien négligé pour rendre efficace l'enseignement de cette science ; elle avait réuni, dans ce bel

(1) *Notice sur Émile Baudement*, p. 3.

établissement, des types de toutes les races domestiques françaises et étrangères dont la connaissance nous intéresse, afin de mettre les moyens d'enseignement en rapport avec l'importance des services que nous devons attendre de cette branche de la production rurale.

« Bien préparé par ses connaissances sur les sciences naturelles, Baudement était éminemment propre, par la sûreté de son jugement et par sa parole élégante et facile, à utiliser ces ressources, à devenir l'interprète de la science dont l'enseignement lui était confié, et qui, pour la première fois, avait en France une chaire particulière.

« Les résultats ont été aussi remarquables qu'on pouvait l'espérer; le professeur a contribué au progrès de la science, et par son brillant enseignement, et par les importants travaux qu'il a publiés sur toutes les branches de la production et de l'amélioration des animaux domestiques.

« Je rappellerai particulièrement deux mémoires, le premier et le dernier qui sont sortis de sa plume pendant son professorat; ils nous font connaître, l'un, l'exactitude qu'il portait à ses recherches, l'autre, la puissance de son talent d'investigation.

« Ils se rapportent, le premier, à la partie physiologique de la zootechnie, et, le second, à la partie économique; je pourrais presque dire à la partie préparatoire et à la partie principale de l'enseignement zootechnique, comme si la destinée avait prédit que tous les actes émanés de cet esprit philosophique devaient être méthodiquement disposés.

« Le premier de ces mémoires traite de l'alimentation du bétail, cette base de l'hygiène vétérinaire et de la zootechnie. Il a été publié dans les *Annales* de l'Institut agronomique de Versailles.

« Le second mémoire est un ouvrage posthume, je crois; il a pour titre : *Observations sur la valeur comparée de plusieurs races bovines et ovines au point de vue de la production de la viande, de la structure et du rendement.* Il se trouve dans les *Annales* du Conservatoire Impérial des arts et métiers.

« Je passe les communications que vous a faites Baudement, ses mémoires sur les laines de l'Algérie, sur le volume des poumons; je passe ses lettres sur la zootechnie, remarquées, par les hommes de goût, autant pour la forme que pour le fond; je ne parle même pas de ses rapports sur le rendement des animaux primés dans les concours.

« Si, après ces détails sur les travaux de Baudement, vous me permettez de me résumer, je dirai que cet éminent confrère s'est montré expérimentateur habile, persévérant et ingénieux; qu'il a le mérite d'avoir le premier apporté dans quelques branches de la zootechnie un mode d'appréciation exact, précis, qu'on n'avait pas employé avant lui. Intelligence supérieure, esprit lucide, habitué, par l'étude des langues, à exprimer toutes les nuances de la pensée, et, par l'étude des mathématiques, à n'accepter que les propositions rigoureusement démontrées, il a toujours cherché à donner aux questions dont il s'est occupé une solution précise, basée sur les faits, et il y est parvenu autant que les problèmes biologiques en sont susceptibles.

« Comme généralisateur, comme théoricien, il s'est montré naturaliste savant et physiologiste judicieux : si quelquefois nous l'avons vu pousser trop loin ses conclusions, il a toujours été logicien rigoureux et plein de tact, sachant reconnaître le côté faible de sa doctrine, et la faire rentrer dans les exigences de la pratique sans abandonner les principes de la science. »

Voici maintenant la Notice que les *Annales* du Conservatoire Impérial des arts et manufactures ont publiée sur la vie et sur les travaux d'Émile Baudement.

« Le Conservatoire a perdu, en Baudement, un de ses professeurs les plus habiles.

« Atteint, dès le mois d'avril 1863, des premiers symptômes d'une paralysie du cerveau, notre collègue était arrivé successivement à un état de dépérissement physique et intellectuel auquel la mort est venue l'arracher le 13 décembre dernier.

« Émile Baudement, né le 16 novembre 1816, est mort dans sa 48e année le 31 décembre 1863. Il était fils d'un ouvrier ébéniste ; ses études, commencées au séminaire de Conflans, furent achevées avec succès au collége Stanislas, où il était entré comme boursier. Au sortir du collége, ses premières années furent difficiles. Il donna des leçons de mathématiques, de littérature, même des leçons d'hébreu ; ce fut seulement en 1843 qu'il commença l'étude des sciences naturelles, particulièrement celle de la zoologie. Il publia, à partir de cette époque, quelques mémoires, présentés à l'Académie des sciences, mais plus particulièrement des articles d'appréciation dans les revues scientifiques et agricoles.

« La création de l'Institut agronomique de Versailles, par l'Assemblée constituante, décida la vocation de Baudement.

« Le haut enseignement que l'on voulait organiser dans cet établissement devait non-seulement être pourvu de nombreuses chaires dans lesquelles on professerait toutes les branches de l'agriculture, toutes les sciences accessoires, mais il devait en outre avoir, comme complément, une exploitation agricole et une ferme expérimentale. La zootechnie y était largement représentée. Voici en quels termes les rapports officiels justifient la création de cet enseignement :

« L'agriculture ne s'occupe pas seulement des végétaux, elle opère aussi sur des animaux. Or, jusqu'à ce jour, l'enseignement de cette branche de la production rurale a été compris d'une manière très-incomplète. On a fait une fâcheuse confusion entre l'art vétérinaire ou l'art de guérir les animaux, et la zootechnie ou l'art de les produire et de les améliorer. Cette seconde partie est celle qui intéresse plus spécialement le cultivateur ; c'est aussi celle qui doit être enseignée à Versailles d'une manière aussi large et aussi complète que possible.

« Toutefois, il faut reconnaître que, pour la connais

sance approfondie des principes généraux et des règles relatives à l'éducation et à l'hygiène du bétail, il est, sinon indispensable, du moins fort utile de posséder quelques notions d'anatomie et de physiologie générales. L'étude de la zootechnie devra donc se compléter par celle de la zoologie. Mais, vu l'importance de la zootechnie, il a paru qu'il y aurait inconvénient à réunir ces deux parties d'un même enseignement entre les mains d'un même professeur, et que la zootechnie et la zoologie devaient être placées côte à côte, et former deux chaires spéciales.

« Au reste, l'importance de la question du bétail en France, l'urgence d'y améliorer les ressources de la production animale et l'élevage des animaux domestiques, expliquent et motivent l'existence simultanée des deux chaires de zoologie et de zootechnie. Les vœux de l'Assemblée nationale à cet égard avaient été si bien formulés, les intentions du comité chargé de l'examen de la loi si explicitement développées dans son rapport, le texte de l'article 18 du décret qui annexe à l'Institut agronomique l'établissement déjà fondé à Versailles pour l'élevage des types régénérateurs, indique si manifestement la direction à donner à l'Institut agronomique sous ce rapport, que c'eût été méconnaître l'esprit du décret, les intentions du législateur, et surtout la situation du pays, que de ne pas donner à l'enseignement zootechnique une importance et une place spéciales. »

« Le principe était posé, mais l'innovation que l'on

voulait introduire faisait désirer un interprète habile, qui pût coordonner les faits isolés et encore épars de la science zootechnique.

« Conformément à l'article 16 de la loi sur l'enseignement professionnel de l'agriculture, la chaire de zootechnie fut mise au concours à la fin de l'année 1849. Le jury était composé de MM. Tourret, ancien ministre, de Beaumont, de Kergorlay, Gareau, Yvart et Lefebvre Sainte-Marie.

« Les divers candidats avaient rédigé leurs programmes, et celui de Baudement s'identifiait si parfaitement avec la pensée qui avait présidé à la fondation de l'Institut agronomique, que toutes les sympathies lui furent tout d'abord acquises ; et lorsque, quelques jours plus tard, on le vit traiter, avec une grande distinction de parole, en leçon publique, deux sujets difficiles, son succès fut absolument assuré.

« Ce concours fut assez brillant pour que notre collègue pût compter sur l'approbation de tous ses juges, et en particulier sur celle de M. de Gasparin, président de la commission d'organisation, qui devait, plus tard, mettre au service de l'institution cette direction intelligente et cette profonde connaissance des faits agricoles qui ressortent de tous ses travaux.

« M. de Gasparin avait même, à cette occasion, songé à confier à Baudement la partie zootechnique de son cours d'agriculture.

Le programme de Baudement a tracé, du premier coup, le domaine de la zootechnie. Les aperçus généraux sont largement traités : et, bien qu'en abordant les détails, on rencontre à chaque pas bien des lacunes, on peut dire que ce programme a par lui-même marqué une époque dans une partie importante de l'histoire naturelle appliquée à l'agriculture. Il est d'ailleurs comme l'expression de la nature d'esprit de notre collègue : s'assimilant facilement les connaissances acquises, les solutions à peine entrevues, il savait les grouper d'une manière à la fois ingénieuse et philosophique, et faire ressortir, de leur réunion, certaines conséquences, que de nouvelles études devaient se charger de démontrer.

« En publiant ce remarquable programme, Baudement n'en avait pas dissimulé les lacunes ; il se proposait de les combler ; mais les expériences sur la nature vivante sont longues et difficiles ; elles se compliquent toujours de faits étrangers à l'objet même que l'expérimentateur a en vue, et notre collègue n'a pu, pendant la durée trop courte de l'Institut agronomique, en exécuter qu'un trop petit nombre.

« Nous ne pouvons résister au désir de reproduire l'opinion de Baudement sur les difficultés que présentent les recherches sur l'économie des animaux.

« Dire que la zootechnie est une science, c'est exprimer un vœu et un besoin plutôt que constater un fait ; et, s'il est vrai que la science agricole a presque tout à créer, cela est surtout évident pour la zootechnie.

« La condition, pour féconder cette partie si importante et si intéressante de la science agricole, *c'est d'observer et d'expérimenter*, en appelant à son aide la chimie, la physique, la météorologie, toutes ces sciences qu'on peut appeler accessoires en raison du but principal qu'on poursuit, mais qui sont fondamentales quant au moyen d'atteindre à ce but.

« Cette idée est celle qui a présidé à l'organisation de l'enseignement agricole, et qui a placé le métier dans les fermes-écoles, l'art dans les écoles régionales, la science au premier degré dans l'Institut national agronomique. Telle est aussi la pensée de tous ceux qui s'occupent sérieusement de l'économie du bétail en France et à l'étranger.

« Mais l'observation et l'expérimentation ne doivent pas rester l'œuvre du professeur seul. Le moyen d'action le plus efficace qu'il ait sur l'esprit des élèves, pour les habituer à la précision et à la rigueur qu'exige la pratique, pour fixer leur attention sur les questions difficiles avec lesquelles ils se trouveront aux prises, pour leur apprendre à contrôler la théorie et la pratique l'une par l'autre, c'est de les associer à ses travaux. »

« Baudement ne s'est jamais départi de cette règle, et tous ses élèves sont restés ses amis fidèles. Nous devrions dire, peut-être, combien quelques-uns d'entre eux se sont montrés, après sa mort, bons et dévoués pour la famille de notre collègue.

« Baudement distinguait la zootechnie générale, dont les subdivisions ont pour titre les grandes fonctions de la vie animale, de la zootechnie spéciale, dans laquelle il se proposait de passer en revue toutes les espèces domestiques, en déterminant les races, en examinant le caractère de chacune d'elles, ses exigences, ses avantages particuliers, les localités dans lesquelles les conditions naturelles ou les efforts de l'homme les conservent dans le plus grand état de pureté. Cette partie spéciale de la zootechnie, en appliquant les principes généraux, formulés dans la zootechnie générale, sur l'alimentation, la génération, l'habitation, l'influence du travail, devait apprécier la valeur relative des différentes races en vue de la destination que nous leur donnons; elle devait, en outre, indiquer les moyens de les conserver ou de les modifier, et faire connaître, par l'histoire et la statistique, le développement, l'état actuel et les tendances de la production et du commerce.

« Nous nous sommes étendu sur ce programme, parce qu'à nos yeux Baudement s'y est révélé tout entier; c'est son œuvre, et tous ses travaux ultérieurs n'en sont pour ainsi dire que des chapitres détachés que l'observation avait modifiés et complétés.

« L'Institut agronomique de Versailles fut supprimé en 1852; Baudement fut ainsi arrêté dans les recherches qu'il avait entreprises sur le plus beau troupeau qui ait jamais été réuni.

« Mais, pendant les deux années de son professorat, il avait si bien répondu à la confiance qu'avaient placée en lui les membres du jury du concours de 1849, que l'administration songea tout aussitôt à lui fournir un nouvel auditoire. La chaire de zoologie appliquée à l'agriculture et à l'industrie fut créée au Conservatoire à cette occasion. Baudement y fut appelé, et pendant dix ans il y eut un véritable succès.

« Sa parole élégante et facile n'a pas été pour peu de chose dans ce résultat; après une hésitation de quelques instants, elle était bientôt assurée et vibrante; il rencontrait l'expression juste, le mot exact, et l'auditoire restait souvent étonné de la précision qu'il savait apporter dans la discussion des divers sujets qu'il avait à développer.

« Très-habile dessinateur, il mettait une certaine coquetterie à représenter, par des figures souvent superposées, les différences de conformation, la configuration des pays, et jusqu'aux lois des phénomènes.

« On peut toutefois lui reprocher de s'être un peu trop renfermé dans le cercle qu'on lui avait tracé à Versailles, et regretter que, laissant de côté tout ce qui aurait pu être dit d'intéressant sur l'application de la zoologie aux différents ordres des animaux utiles ou nuisibles, à leurs produits divers, il se soit trop spécialisé dans les études pour lesquelles il était si bien préparé. Peut-être l'adoption de ce point de vue un peu exclusif a-t-elle exercé une grande influence sur la décision qui paraît prise aujourd'hui de réunir l'étude du bétail dans le cours général d'agriculture du Conservatoire.

« Il nous serait impossible, dans cette Notice, d'exposer, avec détails, les divers travaux de Baudement : nous devons nécessairement nous borner à quelques indications sommaires qui permettront de recourir aux mémoires originaux.

« L'Institut agronomique fournissait au professeur le plus beau champ d'expériences zootechniques qu'il fût possible de rencontrer. Baudement sut le mettre à profit pour ses études sur l'alimentation du bétail, et la détermination de la valeur alimentaire des diverses rations (1).

« Comme conséquence générale d'expériences très-prolongées, il fut amené à reconnaître, avec une nouvelle autorité, que la consommation était proportionnellement plus grande chez les animaux de poids faible que chez les animaux de poids plus élevé.

« Diverses séries d'expériences ont été faites également par Baudement, quelques-unes avec la collaboration de M. de Behague, sur l'emploi du sel dans la culture des terres et dans l'élève du bétail (2).

« Le sel ne se retrouve point dans l'analyse des végétaux de la flore des dunes, et c'est seulement par l'introduction directe de cette substance dans l'alimentation que l'on peut en tirer quelque effet. Cet effet s'est d'ailleurs manifesté par une augmentation notable dans la consommation du fourrage et de l'eau, mais aussi par une diminution dans la faculté d'assimilation, et dans celle de l'augmentation du poids vivant, ainsi, du reste,

(1) *Annales de l'Institut national agronomique*, 1re livraison, page 131, Mémoires de la Société impériale et centrale d'agriculture de France. — 1853, page 347.

(2) *Journal d'Agriculture pratique*, 1849, page 117. Bulletin de la Société impériale et centrale d'agriculture, 1849 et 1850.

que l'avaient démontré les expériences antérieures.

« Il en a été de même chez les vaches par rapport à la production du lait. Le sel a exercé une influence d'autant moins utile qu'il était consommé en proportion plus considérable.

« Les animaux de boucherie des races anglaises étaient entrés depuis quelques années dans la consommation française. Très-recherchés des éleveurs pour leur précocité et leur disposition à l'engraissement, ils n'étaient pas aussi bien accueillis par les consommateurs. On s'accordait, en général, à considérer la viande des jeunes animaux, qui n'avaient pas travaillé encore, comme de moins bonne qualité que celle de nos bœufs, moins précoces et soumis pendant plus ou moins de temps aux travaux des champs.

« Pendant neuf années consécutives, dans tous les concours de Poissy, auxquels il participait chaque année comme rapporteur du jury, Baudement poursuivit l'étude de cette question, non-seulement dans les expositions, mais encore sur le champ de foire, à l'étal du boucher, et jusque sur la table, par la dégustation.

« En comparant ainsi les bœufs des races françaises aux bœufs appartenant à la race de Durham et à ses croisements, il reconnut que la qualité de la viande est tout aussi bonne dans l'une et dans l'autre catégorie. Mais tandis que nos bœufs indigènes n'acquièrent toute leur valeur que beaucoup plus tard, ceux de la race Durham arrivent à cette qualité maximum deux ans plus tôt.

« Il y a donc réellement des animaux précoces, capables de fournir de bonne heure une viande faite, présentant toutes les qualités requises pour la consommation; les produits croisés offrent d'ailleurs une petite supériorité sur les produits de race pure.

« Des comparaisons analogues, faites sur les moutons mérinos et sur les métis mérinos, démontrèrent que les moutons anglais, plus précoces et plus lourds que les nôtres, sont aussi meilleurs sous le rapport de la qualité de la viande, et qu'ainsi, dans l'espèce ovine comme dans l'espèce bovine, pour obtenir le meilleur résultat, sous un rapport déterminé, les éleveurs doivent abandonner l'idée de rechercher à la fois les différents genres de supériorité, et s'en tenir à un seul.

« Ce principe, que Baudement désignait dans ses leçons sous le nom de principe de la spécialisation des animaux domestiques, avait été soutenu déjà, avec une grande autorité, dans plusieurs discussions remarquables par la justesse de l'expression, la netteté des vues et les qualités générales du style. Les *lettres* sur la perfection de l'espèce bovine, 1854 et 1855, sont un véritable chef-d'œuvre de polémique. Baudement y a mis tant d'esprit et de finesse qu'il aurait été bien difficile de croire qu'il n'avait pas le bon droit de son côté.

« Cette thèse avait toujours été la sienne. « La supériorité de l'agriculture anglaise, disait-il en 1852, consiste, non dans le climat, dans les capitaux, dans les machines, dans la nature des races, primitivement meilleures, mais bien dans l'esprit et dans l'éducation essentiellement industrielle des producteurs, pour qui toutes ces conditions ne sont que des moyens d'arriver à la perfection. Ce que j'admire en face de ces étonnantes machines nommées cheval de course, clydesdale, roadster, bœufs Durham, Devon, d'Ayr, mouton Dishley, Southdown ou Cheviot, porcs Berkshire ou New-Leicester, c'est bien moins le résultat que l'idée industrielle d'où sont sorties ces machines pour un but spécial; c'est la netteté de conception, la sûreté du coup d'œil, le parti pris qu'ont exigé de pareilles créations. Je ne mentionne ni la persévérance dans le plan, ni la ténacité saxonne. Ce sont ces habitudes industrielles qu'il faut emprunter aux Anglais; elles nous conduiront parfois à l'imitation, quand les conditions économiques seront pour nous les mêmes que chez nos voisins; elles nous fourniront toujours une méthode, quelles que soient les circonstances au milieu desquelles nous devrons opérer. »

Comme application de ces principes, nous avons entendu notre collègue recommander, en maintes circonstances, la production plus spéciale en France des animaux de boucherie : « La laine se transporte facilement, disait-il; faisons donc de la laine dans la France africaine et conservons pour la mère patrie l'élevage des moutons précoces. »

L'étude approfondie que Baudement avait faite des races anglaises lui avait d'ailleurs permis de formuler ses idées sur les méthodes qu'emploie l'éleveur pour perfectionner. Pour lui, on ne fait de race que par sélection, qu'en améliorant les animaux par eux-mêmes, le croisement ne devant jamais être employé que pour obtenir des produits. Il approuvait fort le croisement dans ce sens ; et les beaux animaux Durham-Manceaux, Durham-Normands, Durham-Charolais, qu'il avait examinés dans les concours de boucherie, vinrent à cet égard fortifier son opinion jusqu'à en faire une conviction inébranlable.

Le travail auquel Baudement attachait le plus d'importance est celui qu'il a publié dans les *Annales du Conservatoire* (juillet 1861) sous le titre de : *Observations sur les rapports qui existent entre le développement de la poitrine, la conformation et les aptitudes des races bovines.*

« En concluant, d'après des faits bien observés, des mesures prises et des pesées exactes, sur 102 bœufs de boucherie, Baudement a reconnu que le développement thoracique est bien l'indice de la supériorité des animaux comme utilisateurs de leur ration ; mais si, à mesure que l'animal gagne en poids vif, sa circonférence thoracique acquiert plus d'ampleur, et si, en même temps, ses poumons prennent plus de volume, ces trois accroissements sont loin de suivre une loi parallèle.

« Le poids vif, dit-il, et la circonférence thoracique se correspondent seuls d'une manière constante, à toutes les périodes du developpement des animaux.

« Les poumons ne restent, en rapport constant, ni avec le poids vif ni avec la circonférence thoracique ; seulement ils sont plus développés pour un même poids vif quand les animaux sont plus jeunes. »

Cette disproportion entre le volume extérieur et celui des organes respiratoires qu'il renferme, n'infirme en aucune façon l'estimation portée d'après l'ampleur de la poitrine ; mais elle est, au point de vue physiologique, intéressante, en ce qu'elle ouvre une voie nouvelle aux recherches qui auraient pour objet la détermination plus exacte de l'influence du développement de la poitrine sur la faculté d'engraissement des différentes races.

« Parmi les animaux de même race, dit Baudement, le plus faible poids relatif des poumons se rencontre chez ceux qui ont le poids vif le plus élevé ; et le plus fort poids relatif des poumons, chez ceux qui ont le poids vif le plus faible. »

« Il ressort, du travail de Baudement, que les animaux de boucherie des races anglaises, bien qu'ayant une circonférence thoracique, une ampleur de poitrine plus grande que nos animaux français, ont cependant des poumons relativement moins développés.

« Ce fait, bien constaté, est des plus remarquables au point de vue physiologique ; il se rattache très-nettement aux idées émises par le savant naturaliste Darwin, sur les variations que présentent les organes suivant les besoins. Depuis longtemps on avait remarqué que les animaux des races anglaises, inactifs, à qui on ne demande aucun autre service que de s'accroître le plus promptement possible, prenaient un développement considérable du tronc, des organes de la vie végétative, tandis que les organes de la vie de relation allaient s'amoindrissant ; les jambes devenaient grêles, minces, à peine capables de porter la grosse masse qui pèse sur elles; Baudement démontre de plus que, chez ces animaux fainéants, qui ne doivent produire aucun travail, l'appareil à combustion, le poumon, dans lequel doit affluer l'air qui, par sa combinaison avec le charbon et l'hydrogène des aliments, fournit force et mouvement, Baudement démontre, disons-nous, que cet organe se réduit.

En conservant le mot de machines animales, si heureusement employé par Baudement pour désigner les animaux, ces faits viennent confirmer, de la façon la plus curieuse, tout ce que nous savons sur la production de la chaleur et du mouvement. La machine qui travaille avec énergie, c'est notre bœuf français; il a un large foyer; la machine qui ne dépense aucune force, au contraire, c'est le bœuf anglais; son foyer se réduit avec les appareils de locomotion qu'il devait animer: ni ses aïeux ni lui n'ayant travaillé, l'organe où l'air, source de combustion, doit affluer, s'amoindrit.

Jusqu'ici, la règle ainsi formulée n'a pas servi de base aux préférences des acheteurs; le temps seul pourra justifier et donner cours aux opinions de notre collègue.

Baudement a publié encore d'autres mémoires d'importance secondaire, tels que : *Études sur les laines d'Algérie* (Mémoires de la Société d'agriculture, 1855) (1). — *Rapport sur les distilleries de betteraves* pour la campagne de 1855-56 (Mémoires de la Société impériale d'agriculture). — *Rapport à la Société*

(1) Ces Études se trouvent à la fin de ce volume.

impériale d'agriculture sur le bétail dans le nord de la France (Journal d'Agriculture pratique).

« Il était véritablement écrivain, et c'est à ce titre qu'il a, pendant longues années, fait paraître, dans le *Constitutionnel*, une série d'articles sur les questions d'agriculture et d'économie rurale. Il y porta les qualités qui distinguaient son enseignement. C'était le même talent d'exposition, la même netteté de vues, la même précision et la même élégance dans la manière d'exprimer sa pensée. Il traita, dans le *Constitutionnel*, les différentes questions que les circonstances ou les découvertes modernes mettaient à l'ordre du jour ; et, habile à vulgariser la science, il sut donner, même aux sujets les plus arides, cet intérêt et cet attrait qui peuvent seuls les faire accepter par les lecteurs d'un journal quotidien. Aussi ne se plaignait-on que d'une chose, c'était que sa collaboration ne fût pas plus active ; car ses travaux et ses recherches lui laissaient peu de temps, et l'on regrettait qu'ils ne lui permissent pas d'être plus prodigue de ces articles si bien rédigés, qui mettaient la science agricole à la portée de tous.

« Depuis qu'il avait quitté Versailles, toute son attention s'était reportée sur les animaux des concours et des expositions agricoles. Il en a décrit maintes fois les types les plus remarquables, et ses observations nombreuses trouveront, à n'en pas douter, leur place dans les études qui pourront être consacrées à chacune des races en particulier.

« Il avait, dans ces conditions éminemment favorables, préparé avec soin tous les matériaux d'un grand ouvrage : *Les races bovines au concours universel de Paris en 1856*. Ces études zootechniques, entreprises par ordre du ministre de l'agriculture, du commerce et des travaux publics, resteront malheureusement privées des explications détaillées qui devaient accompagner les 87 planches qui représentent les plus beaux types des races des Iles Britanniques, de la Hollande et du Danemark, de la Suisse et de l'Allemagne, de l'Autriche, et enfin de la France. La collection de ces planches n'en constitue pas moins l'atlas le plus précieux en ce genre, et les cinq cartes qui l'accompagnent résument, avec une grande clarté, les données relatives à la répartition de chacune de ces races, et aux limites des zones d'approvisionnement qu'elles desservent. La géographie des bêtes bovines n'avait jamais été si bien faite ni si habilement résumée.

« Sous le titre trop modeste d'introduction, le lecteur trouvera quelques aperçus généraux sur la définition, les caractères et la répartition des races, et la clarté qui préside à cette partie de l'ouvrage laisse parfaitement deviner ce qu'aurait certainement contenu le texte lui-même, si des souffrances incessantes, nécessitant de longs repos, si un amour exagéré de l'exactitude, le désir d'accumuler des renseignements, les lenteurs inévitables de nombreuses correspondances avec des éleveurs disséminés sur tous les points de l'Europe, n'avaient longtemps retardé cette publication que la mort est venue brusquement interrompre.

« Pendant la lente agonie de notre malheureux collègue, l'idée de ce travail revenait avec sa raison; et quand de pâles éclairs venaient de temps à autre illuminer cette belle intelligence obscurcie, le désir de continuer cette œuvre capitale était le premier à se réveiller.

« Un autre travail cependant aura du moins échappé à l'arrêt qui a brisé cette carrière scientifique qui paraissait devoir être si bien remplie, et nous accomplissons à la fois un devoir envers le professeur et envers le public, en publiant ce chapitre, devenu le dernier de ceux que Baudement destinait à remplir le cadre, si bien tracé, et déjà complet sur quelques points, du remarquable programme de 1849. Il y est resté constamment fidèle. Sanctionné par l'approbation des hommes les plus compétents, éclairé par des recherches devenues plus précises, par cela même que leur but est mieux formulé, ce programme sera pendant longues années encore la base des études zootechniques les plus sérieuses et les plus importantes, et Baudement aura eu le mérite d'avoir, l'un des premiers, apporté, dans ces études, l'emploi de moyens d'observation exacts et précis, à la place d'appréciations toujours incertaines et souvent entachées d'erreurs ou de préjugés. »

Dans l'introduction au volume que j'annonce au début de cet Avant-Propos, j'examinerai, avec tout le respect qu'un élève obscur doit à un maître illustre, les principes zootechniques posés par Émile Baudement.

GUY DE CHARNACÉ.

Fig. 2. — Bélier Southdown.

CONSIDÉRATIONS GÉNÉRALES

SUR

L'ESPÈCE OVINE

L'étude des races domestiques, au point de vue auquel s'était placé Baudement dans son enseignement, ne devait pas porter sur des recherches ou des descriptions purement zoologiques. Son but ne devait être, selon lui, que l'application des sciences physiologiques et économiques à l'exploitation des animaux. En effet, pour nous industriels et agriculteurs, ce sont les conditions de production et de consommation que nous devons examiner.

En nous occupant de la production de la *viande* et de la *laine*, nous ne croyons pas nous éloigner du sujet traité par Baudement, surtout si nous songeons que, dans sa pensée, l'histoire de la race mérine devait être suivie de celle des autres races ovines. Aucune question, d'ailleurs, ne touche plus directement les intérêts du producteur et du consommateur que celle que nous allons essayer de résumer. Plus d'une fois nous l'avons abordée dans nos études antérieures sur l'économie rurale; mais aujourd'hui, fort de l'appui du maître des maîtres, nous espérons aider à la solution du problème le plus important de l'économie du bétail, et montrer les moyens d'obtenir économiquement d'une part la substance alimentaire la plus nécessaire à l'homme, et, de l'autre, l'une des matières premières les plus utiles au travail national.

Entrons donc dans l'étude des races ovines qui intéressent, à la fois, nos industries agricoles et manufacturières modernes et la consommation des populations.

La première question qui se présente est celle-ci : quelle méthode faut-il appliquer à l'étude de ces races, quelle classification suivre ?

Les ouvrages qui ont parlé du mouton, de même que les programmes de nos concours agricoles, ont divisé toutes les races ovines en deux grandes catégories, celle des races à *laine longue* et celle des races à *laine courte*. Dans les notes inédites que nous possédons, Baudement s'exprime ainsi :

« Voyons sur quoi repose ce système et quelle en est la valeur?

« C'est aux habitudes de la manufacture que sont empruntées les deux appellations qui distinguent les deux groupes établis pour les races ovines. Ces appellations répondent à deux modes différents de traiter les laines, suivant la nature et la longueur des brins; et ces deux modes particuliers de travail donnent, par suite, naissance à deux sortes d'industrie.

« Les laines longues sont celles dont les brins atteignent 8 à 10 centimètres au moins; les laines courtes sont celles dont les brins restent au-dessous de cette dimension.

« Les laines longues n'offrent presque pas de frisures, les laines courtes présentent des ondulations plus ou moins nombreuses, et les différences dans la forme introduisent naturellement des différences dans l'élasticité des filaments, constituant ainsi des ressorts plus ou moins énergiques.

« Ces deux natures de laines sont préparées différemment par le filage. Les laines longues sont soumises à l'action du peigne, à travers les dents duquel on facilite le glissement de la matière par diverses précautions, destinées à vaincre la résistance naturelle qu'oppose le filament en raison des aspérités qui hérissent sa surface et à maintenir les brins parallèles, malgré leur tendance à céder.

« Les laines courtes ne peuvent être saisies et maniées par le peigne; pour les amener à l'état dans lequel elles peuvent être converties en fils, il faut préalablement leur faire subir l'action de la carde, sorte d'outil composé de nombreuses pointes recourbées et plus ou moins serrées, qui ouvre la matière, la dénoue, en redresse les filaments.

« Les laines longues sont employées pour la fabrication des étoffes rares, qui ne sont ni foulées ni feutrées, et dont la surface unie et lisse laisse apercevoir les fils de la trame et de la chaîne; tels sont les mérinos, les stoffes, les serges, les flanelles, les châles, etc.

« Les laines courtes fournissent des tissus drapés, ayant subi les opérations du feutrage et du foulage, et dont la surface duveteuse ne permet pas qu'on distingue la tissure. C'est à ce genre d'étoffe qu'appartiennent les draps de toute qualité, les tapis, les couvertures, etc.

« Laines *longues* et laines à *peignes* sont donc des expressions équivalentes auxquelles s'opposent celles de laines *courtes* et laines à *cardes*. Les premières alimentent l'industrie de la laine peignée; les secondes sont mises en œuvre par l'industrie de laine cardée, qu'on désigne communément sous le nom général de *draperies*.

« On voit par quels caractères importants, continue Baudement, les laines longues et les laines courtes diffèrent les unes des autres, et pourquoi la fabrication a été conduite à distinguer les deux catégories. Cette classification est-elle pour la zootechnie aussi logique qu'elle l'est pour l'industrie? S'applique-t-elle aussi heureusement à l'animal qu'à son produit? Peut-elle être employée pour les races ovines par l'éleveur, avec autant de justesse qu'elle l'est pour les laines par le manufacturier? Oui, si la laine est le produit que l'éleveur doit obtenir d'abord et uniquement du mouton, et si la longueur de la mèche exprime exactement toutes les qualités des races, résume toutes les conditions de leur formation; non, s'il n'y a pas une relation intime entre la dimension des brins de laine, les aptitudes, l'élevage des moutons; et si l'éleveur doit demander à ses animaux, dans l'intérêt de la consommation comme dans son intérêt propre, des produits d'un autre genre.

« Or, on peut obtenir de l'espèce ovine de la laine, de la viande et du lait; et si, dans toutes les conditions où il est élevé, le mouton donne simultanément ces trois produits en raison même de sa nature et de son organisation particulière; si sa destination dernière est toujours et partout la boucherie; si partout et toujours il porte, je dirai presque forcément, une toison; si la brebis devient naturellement nourrice après avoir été mère, il n'en est pas moins évident que chacun des produits, laine, viande, lait, varie, suivant la race, en qualité, en quantité, varie, suivant les localités, en importance, varie partout, en valeur économique, et pour l'éleveur et pour le consommateur, suivant la perfection des moyens de production. La longueur de la laine se traduit par toutes ces variations. »

Les principes qui président à l'organisation de la production animale sont, pour l'espèce ovine, ce qu'ils sont pour les autres espèces domestiques; ils s'appuient sur les mêmes raisons physiologiques et économiques; ils conduisent à l'application raisonnée de la division du travail; ils se résument dans la *spécialisation* des produits, c'est-à-dire des animaux.

La perfection de l'élevage, pour l'espèce ovine, consiste dans l'amélioration de l'animal, exploité en vue d'un produit quelconque qui variera, suivant le milieu économique où l'on opère : ici la laine, là-bas la viande, ailleurs le lait, produit qu'il s'agira toujours d'obtenir au meilleur marché possible.

Cela ne veut pas dire que les races auxquelles on demandera spécialement un genre de produit arriveront à être dépourvues des autres caractères qui les constituent et les déterminent. Il n'appartient pas à l'homme de détruire certaines formes et certaines conditions de la machine animale ; la nature a tracé des limites infranchissables au pouvoir de l'homme. Aussi l'éleveur ne peut-il spécialiser à la façon du manufacturier, dont les combinaisons ne relèvent que de son intelligence.

Mais s'il est impossible de détruire, comme il serait cependant souhaitable de le faire, industriellement parlant, certaines aptitudes inhérentes à l'être lui-même, il est en notre pouvoir de rendre prépondérantes sur les autres celles des aptitudes de l'animal que nos intérêts nous commandent d'exploiter. Tel est le véritable sens de la spécialisation zootechnique.

Si nous admettons que tel est le point de vue auquel doit se placer le producteur, en exploitant une espèce agricole, il ne nous est plus permis d'accepter comme logique la classification des races ovines, fondée exclusivement sur la longueur de la laine.

Puisque le mouton peut recevoir trois destinations spéciales, il est rationnel de le grouper en trois catégories : *races à laine, races à viande, races à lait.*

Le dernier de ces produits n'alimente qu'une fabrication de peu d'importance, reléguée dans des centres peu nombreux. Ce qui constitue, à vrai dire, l'exploitation du mouton, c'est la fabrication de la viande et de la laine, produits résultant de deux groupes

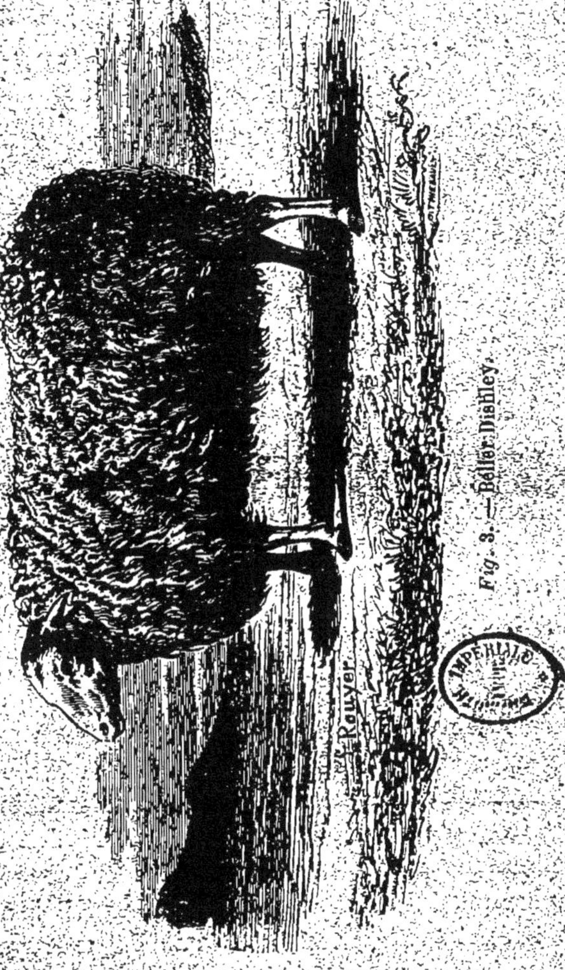

Fig. 3. — Bélier Dishley.

aussi distincts par leurs caractères que par leurs aptitudes.

Cette classification ne se justifie pas seulement par les raisons générales que nous venons de donner, elle répond encore à des différences fondamentales dans les dispositions, dans les exigences physiologiques des animaux, comme aux conditions du milieu le plus favorable à l'une ou à l'autre spécialisation. Cette division étant adoptée pour base de notre classification, il en résulte que le mouton le mieux organisé pour la production de la viande est celui qui, s'éloignant davantage du type auquel on demande de la laine fine, réalise le type le plus parfait de l'animal de boucherie. Tout diffère de part et d'autre : conformation, développement, faculté d'assimilation, précocité, rendement à l'abattoir, qualité de la viande, de la graisse et de la laine, nature de la toison, longueur de la mèche. Ajoutons que ces différences sont elles-mêmes la conséquence de modes d'élevage et de milieux divers.

Les qualités de conformation et les aptitudes qu'on recherche chez les animaux de boucherie, telles que symétrie et compacité des formes, réduction du volume et augmentation de la masse, diminution des parties qui font déchet et augmentation des parties utiles, maturité précoce, sont essentiellement le résultat d'une alimentation abondante, donnée à l'animal dès sa naissance. C'est sous l'influence de cette nourriture administrée et appropriée au jeune animal, que le système organique et les habitudes fonctionnelles se dévelop-

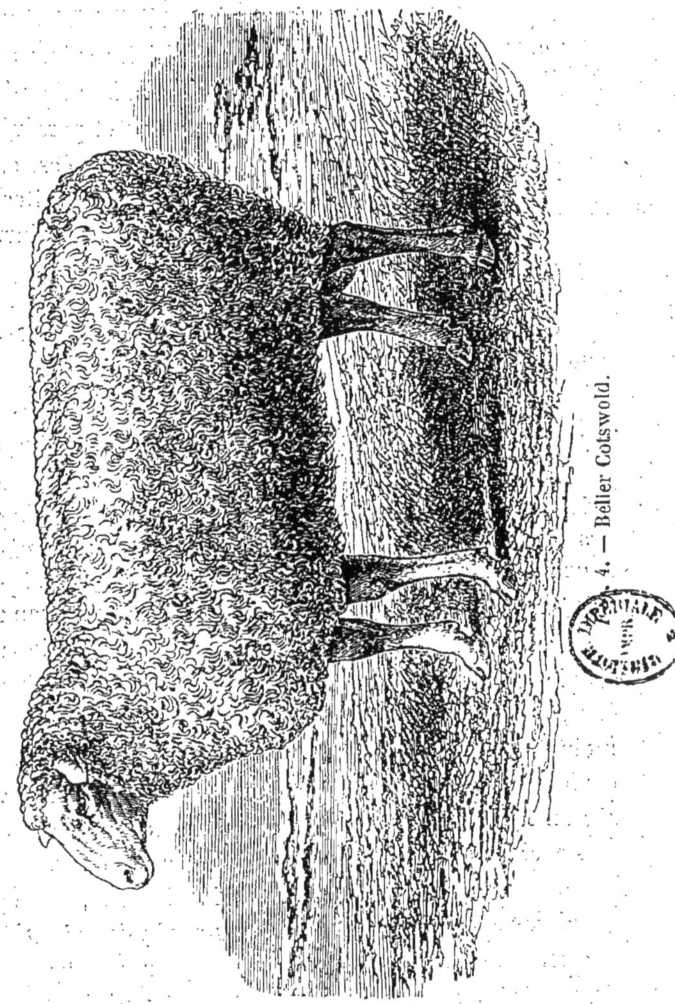

4. — Bélier Cotswold.

pent dans le sens qu'on veut obtenir. Et l'effet est d'autant plus sensible qu'on a mieux choisi les sujets de l'expérience. Il ne reste plus qu'à généraliser l'expérience au moyen d'une sélection attentive et persévérante. C'est ainsi, on le sait, qu'ont été formées, en Angleterre, les races de boucherie les plus parfaites, aussi bien dans l'espèce bovine que dans l'espèce ovine. A ce sujet, Baudement s'exprime ainsi :

« Chez les moutons, le régime ainsi conduit, en façonnant la bête de boucherie, ne peut évidemment rester sans action sur la laine. Comme il arrive pour tous animaux destinés à s'engraisser jeunes, la graisse tend à se déposer dans les mailles du tissu cellulaire souscutané, en plus forte proportion que dans l'épaisseur des muscles, et surtout autour des viscères abdominaux ; aussi ces jeunes animaux donnent-ils généralement moins de suif. A mesure que le dépôt graisseux s'effectue ainsi à la surface du corps, la peau perd de sa souplesse, de son moelleux, de son élasticité, de son énergie propre, l'appareil des vaisseaux capillaires est moins actif et moins riche, la sensibilité s'émousse, la couleur rosée pâlit, et les phénomènes se prononcent d'autant plus que l'aptitude particulière de l'animal est plus excitée, que l'embonpoint gagne davantage.

« Ces modifications dans la vitalité de la peau, et, par suite, dans ses propriétés physiques et physiologiques, amènent des modifications correspondantes dans les phénomènes de la transpiration insensible qui s'accomplit à travers l'enveloppe du corps et aussi dans les sécrétions, liées à la vie même du derme, dans celle de la laine, par conséquent. A une période très-avancée de l'engraissement, et pour les moutons chez lesquels le type de boucherie se prononce davantage, la respiration peut donc devenir pénible, surtout durant la marche; ces moutons résistent plus difficilement à l'action de la chaleur et souffrent beaucoup moins dans un climat humide et froid.

« La laine sécrétée dans la première année, alors que les fonctions de la peau sont encore entières, est plus douce, plus élastique, plus résistante. Celle qui se produit plus tard, alors que le panicule graisseux s'est étendu en couche épaisse sous la peau, est plus sèche, plus courte, plus cassante.

« J'exprime ici les conséquences dernières de la cause, mais il est sûr que les faits ne s'accentuent avec ce caractère extrême que chez les animaux vieux, ou poussés à un état d'embonpoint excessif. D'ailleurs, comme il est dans la destinée des bonnes races de boucherie d'arriver de bonne heure à l'abattoir, on ne laisse pas à ces conséquences le temps de se produire, et, par une harmonie admirable que conservent toujours entre elles les lois de la nature, la laine de ces moutons n'a pas perdu sa plus grande valeur quand la viande est mûre pour la consommation. »

Il est un résultat bien autrement significatif et certain du régime auquel sont soumis les moutons des races de boucherie : c'est que la nourriture abondante grossit la laine, en même temps qu'elle allonge le brin. Le poids de la toison peut alors être considérable, puisque le développement de la laine suit celui du corps. Mais le tassé, qui résulte du nombre et du rapprochement des brins, n'est jamais remarquable.

En raison même de ses qualités particulières, cette laine souffre beaucoup moins des influences extérieures et de l'action des corps étrangers, bien qu'une toison plus ouverte laisse à ceux-ci un plus facile accès. Du reste, comme elle a moins de valeur et qu'elle n'est pas le produit principal, dans les animaux de boucherie, l'éleveur se montre plus indifférent aux altérations qui peuvent résulter de l'action atmosphérique. Il les laisse, en certains climats, exposées en plein air, aux alternatives d'humidité et de sécheresse, les utilisant avantageusement à la coutume du parcage. Ce dont elles ne s'accommodent pas, c'est de la transhumance, en raison de leur conformation inapte à une marche facile. Mais ce n'est point là un défaut, puisque la spécialisation dont elles sont l'objet interdit qu'on les expose aux trop grandes fatigues.

La faculté de la locomotion est d'ailleurs inutile pour les races de boucherie. Ces races, habitant les contrées fertiles, ne sont point obligées de parcourir de vastes espaces pour chercher leur nourriture, qu'elles trouvent aux mêmes lieux, hiver comme été. Races d'une agriculture riche et avancée, elles ont à leur disposition herbages, racines, plantes fourragères, productions nécessaires des assolements perfectionnés.

Et de même que les progrès de l'agriculture sont commandés par les besoins d'une population nombreuse, par la valeur plus élevée du sol, de même que les races de boucherie doivent être en harmonie avec le milieu où elles vivent, il est naturel que le milieu appelle aussi la production de ces races.

La spécialité des races ovines de boucherie, c'est la production de la viande, et cette aptitude même fait qu'elles ne sauraient donner une toison fine et tassée; mais le brin de laine ne peut être court. Il y a incompatibilité physiologique et économique entre ces deux genres de produits : la viande et l'extrême finesse de la laine. Cette exclusion devient plus frappante encore lorsqu'on examine les conditions si différentes qui les fournissent.

« Si la nourriture très-abondante, dit Baudement, grossit le brin, la nourriture peu abondante l'affine. Mais pour que la laine ainsi affinée convienne à la fabrication, il faut qu'à la finesse s'associent d'autres qualités : la souplesse, la douceur, l'élasticité, la ténacité, on pourrait dire la vitalité du brin. Or, ces qualités nécessaires manquent, quand la laine fine est produite par un mouton languissant, malade et insuffisamment nourri ; la finesse n'est alors que l'amincissement du brin, faute de force, son atténuation par étiolement. Cette laine maladive a tous les défauts de celle qu'on a mise en masse quand elle était tout humide : elle donne

3.

des étoffes sèches, sans corps, sans moelleux, et surtout sans durée. »

L'éleveur qui veut faire de la laine fine doit éviter de tomber dans l'une de ces deux extrémités : nourrir trop ou nourrir trop peu. Il doit calculer la ration de ses animaux, la proportionner à leurs besoins, la donner suffisante, jamais abondante. En un mot, cette ration doit rester une simple ration d'entretien bien appropriée. Au-dessous, la santé de l'animal s'altère, et avec elle la laine; au-dessus, l'animal prend de l'état, et la laine grossit.

« Une autre qualité essentielle pour la laine, et principalement pour la laine fine, c'est, continue Baudement, l'égalité de grosseur, de la base au sommet du brin. Chaque filament de laine, quand on l'étend de manière à effacer ses ondulations, représente assez bien un petit cylindre, et le diamètre de ce cylindre varie avec l'abondance de la nourriture. Ce qu'on observe, quand on compare l'un à l'autre deux moutons inégalement nourris, peut se produire sur chaque brin d'une même toison. Quand un mouton subit des oscillations dans son régime, quand il reçoit, par exemple, une nourriture très-forte d'abord, et qu'il est ramené ensuite à une ration plus faible, chaque brin, chaque cylindre change alternativement de diamètre : il est plus gros à son extrémité qu'à sa base, il présente deux parties, deux qualités de laine sur une même longueur ; mais, comme la partie plus fine ne saurait être séparée de la partie plus grossière, une telle laine est nécessairement placée par le fabricant dans une classe inférieure. Pour les moutons dont on attend de la laine fine, l'alimentation doit donc produire le même effet durant la croissance entière de la toison ; il faut que la nourriture soit constamment suffisante et uniformément mesurée. »

Il est évident que, soumis à ce régime, les moutons à laine fine ne peuvent acquérir les aptitudes que donne aux races de boucherie une alimentation tout autre. Et l'on a de la peine à comprendre comment il s'est trouvé des agronomes assez peu réfléchis pour confirmer dans l'erreur certains éleveurs enclins à poursuivre deux buts si éloignés, si contraires l'un à l'autre.

Ne trouvant point, dans leur jeune âge, la nourriture abondante déterminant des caractères particuliers, la croissance des moutons à laine fine est nécessairement lente, leur précocité tardive, leur taille petite, leur tendance à prendre la graisse presque nulle, leur rendement à l'abattoir moindre, toute proportion gardée. Ils n'ont acquis aucun des avantages des races précoces. En revanche, ils donnent plus de suif, comme toutes les races venant tard à l'abattoir ; comme elles aussi, ils sont préférés par les bouchers qui, ne se préoccupant que du profit de leur état, ne tiennent compte d'aucune des conditions économiques de l'éleveur, c'est-à-dire du prix de revient.

Il ne faudrait pas conclure de ces observations que les races à laine fine ne sont pas productives pour l'éleveur. La lenteur même de leur croissance, l'activité de sécrétion de la peau, font qu'elles fournissent plus longtemps de bonnes toisons, et, bien que la valeur en ait diminué et qu'elle ne soit pas de beaucoup supérieure aux toisons plus grossières, la spéculation de la laine fine peut encore, dans certains milieux favorables, présenter des avantages. Mais il n'en reste pas moins acquis à la discussion que la production de la aine fine nuit à la production de la viande.

« Une conséquence de la constitution même de la toison fine, selon Baudement, c'est que les brins étant extrêmement déliés, la masse totale de la laine sécrétée se trouve formée par un nombre considérable de filaments, la surface développée de la toison est donc très-étendue, pour un volume donné. Toutes les variations météoriques, tous les corps étrangers dont l'influence est, en définitive, peu menaçante pour la laine des races de boucherie, deviennent donc nuisibles aux laines fines, en raison même de la surface plus grande par laquelle ces laines donnent prise aux causes de détérioration, et aussi en raison de la valeur plus considérable de la laine, produit capital qu'il s'agit d'obtenir. Les moutons à laine fine ne peuvent donc être, sans inconvénient, exposés à l'action de la poussière, à celle des intempéries ; ils se prêtent donc moins bien que les races de boucherie à la vie en plein air, au parcage continu, et si leur rusticité plus grande s'accommode mieux de la transhumance, les précautions qu'exige la qualité de leur laine imposent l'obligation de ne les soumettre à cette pratique qu'avec une extrême réserve.

« Il est vrai que la nature même de cette laine, plus ondulée, à brins plus rapprochés, plus disposés, par conséquent, à se juxtaposer intimement, donne un tassé difficilement pénétré par l'eau ou par tout autre corps. C'est là une circonstance qui diminue beaucoup les dangers d'altération et peut même les rendre nuls quand les circonstances extérieures ne sont pas trop défavorables. Mais, en général, les races à laine demandent protection contre les influences qui peuvent impressionner leur toison ; elles exigent un séjour plus prolongé à la bergerie, surtout dans les régions du Nord, qui leur conviennent moins que les pays chauds, et qui, en provoquant naturellement une plus grande production de laine pour défendre l'animal contre les rigueurs du climat, poussent au développement d'une fourrure plus grossière. »

En indiquant les nécessités de régime et d'entretien, nous avons dit aussi, ce nous semble, dans quelles situations l'élevage des races de moutons à laine fine est profitable. Pour résumer, nous dirons donc que ces races conviennent à l'agriculture pastorale perfectionnée, qui leur fournit des pâturages sains et peu abondants, pendant la belle saison ; du foin, quelques grains et des abris durant la mauvaise. Au contraire, elles doivent être bannies des pays où la production de la viande est exigée par une population dense, où le prix de la terre s'est élevé et s'élève encore, où l'agriculture, forcée à des efforts et à des progrès, a créé les prairies artificielles et les racines.

Les deux types qui représentent, l'un la perfection au point de vue de la production de la viande, l'autre la perfection au point de vue de la production de la laine fine, diffèrent donc essentiellement. Tout en eux est dissemblable : conformation, ampleur du tronc, faculté d'assimilation, précocité de développement, rendement à l'abattoir, qualité de viande, de laine, nature de la toison. Ces deux types sont si dissemblables, qu'ils sont réellement les deux termes extrêmes de l'espèce, entre lesquels toutes les races ovines viennent s'échelonner.

Nous pensons donc, avec Baudement, qu'une classification qui veut être la traduction fidèle et utile des faits relatifs à l'économie du mouton et exprimer tous les points de vue sous lesquels la zootechnie envisage les races ovines, doit distinguer d'abord les deux groupes de moutons de boucherie et de moutons à laine fine. Les dénominations de races à *laine longue* et races à *laine courte* sont aussi inexactes qu'insuffisantes ; car s'il est vrai, d'une part, que la laine produite par les races de boucherie soit une laine longue, il n'est pas vrai que les races à laine longue soient toutes des races de boucherie, telles que nous les avons définies ; et si, d'autre part, les races mal ou médiocrement nourries donnent une laine courte, elles ne donnent pas toutes et dans des conditions identiques, il s'en faut, une laine fine.

Ce qui semblait raisonnable, avant tout, à notre maître regretté, et nous partageons son avis, ce n'est pas d'indiquer un effet quelconque sans rien dire de la cause, c'est de montrer d'abord la cause : les effets s'en déduisent. Prendre la longueur de la laine comme criterium principal et unique, c'est, disait-il, s'attacher à un seul effet, c'est négliger les autres et laisser la cause en oubli ; dire *races de boucherie, races à laine fine*, c'est appeler immédiatement l'attention sur un ensemble de phénomènes dont les conséquences se tirent d'elles-mêmes. La classification d'après la longueur du brin a le triple tort de ne mentionner qu'un seul produit du mouton, de comprendre des races très-différentes d'aptitudes sous une dénomination commune, et de faire complétement abstraction des conditions de production.

« Il est, en outre, des races, fait remarquer Baudement, qui, sous le même nom, pour ainsi dire spécifique, présentent des différences très-grandes, même sous le rapport de la longueur de la mèche, au point de constituer des types très-divers. La race mérinos, par exemple, a donné naissance, sans perdre sa pureté, aux moutons saxons, qui représentent la perfection comme producteurs de laine fine ; aux moutons de Naz, qui marchent dans la même voie, à une certaine distance des premiers; aux moutons de Rambouillet, qui s'éloignent pour la finesse et prennent plus d'ampleur; aux moutons de Mauchamp, qui donnent une laine longue lisse. »

Nous pourrions ajouter encore que des moutons, autrefois porteurs d'une laine courte, ont pris une laine plus longue quand les éleveurs les ont améliorés dans le sens de la boucherie, comme, par exemple, la race des dunes méridionales de l'Angleterre, connue sous les noms de races Southdown, Oxfordshires-down. Nous citerons aussi les races anglaises de Cheviot et Suffolk, dont la laine, comme celle des Southdowns, était cardée, et qu'on peigne aujourd'hui comme laine lisse.

Ces faits viennent encore à l'appui de notre thèse, en montrant une fois de plus l'impossibilité de distinguer les races par le plus ou moins de longueur de leur laine et combien diffèrent dans leurs effets les régimes qui font les races de boucherie et les races à laine fine. Il faut encore ajouter que les procédés de fabrication se modifient chaque jour et à ce point que la mécanique peut, par un procédé nouveau, faire disparaître complétement la distinction qu'on a voulu établir entre les laines longues et les laines courtes. Mais, ce qu'on n'effacera jamais, ce sont les différences profondes que nous venons d'établir entre les deux types des bêtes à laine.

Baudement, en insistant, dans ses cours, sur la nécessité de distinguer fondamentalement les deux types, n'était point guidé seulement par le désir de battre en brèche un système faux dans sa base et dans son application, il avait surtout en vue de fixer les idées de ses auditeurs sur les caractères propres aux deux genres d'aptitudes qu'on peut développer chez le mouton, sur les causes qui engendrent ces caractères, enfin sur ce qui constitue la perfection dans les races, perfection qu'il appelait *spécialisation des produits.*

Les causes, les caractères, les conditions constitutifs de ces deux types extrêmes étant bien définis et bien compris, l'étude des races ovines devient claire et leur exploitation pour ainsi dire fatale. L'alimentation dont vous disposez est-elle abondante, vous avez des races de grande taille et à laine longue, comme les races des côtes françaises et belges de la mer du Nord, du Pas-de-Calais, de la Manche, les races flandrine, artésienne, picarde, normande, comme les races des plaines d'Allemagne et du Royaume-Uni. Cette alimentation est-elle, en outre, aqueuse, ces races se développeront davantage encore, leur laine sera plus longue et plus grossière, comme l'indiquent les races du Lincolnshire et des marais de l'est de l'Angleterre, celles des côtes hollandaises de la mer du Nord.

Le milieu est-il différent, l'alimentation est-elle pauvre, telle que celle produite par les pays de landes, de bruyères, de brandes et les régions montagneuses, les races sont alors de petite taille et leur laine se montre plus ou moins grossière, selon les variations du régime auquel on les soumet. Ces conditions donnent naissance aux races de la Sologne, du Berry, de l'Auvergne, des Ardennes, du Roussillon, aux moutons à tête noire de l'Angleterre, en un mot, aux races des terres pauvres de tous les pays.

Il semblerait démontré maintenant que l'alliance de la production de la laine fine avec la production économique de la viande est irréalisable. Cependant tel est le but que poursuivent encore certains éleveurs et certains agronomes. Ils ne veulent pas voir que, pour améliorer la conformation des moutons à laine fine, ils ont recours à des reproducteurs et à un régime qui transforment fatalement la qualité de la laine. De même que ceux qui cherchent à affiner la laine de leurs races à viande arrivent par des moyens opposés à diminuer le caractère fondamental de leurs animaux. Les premières comme les secondes n'arrivent qu'à un moyen terme, qu'à une production médiocre de l'un ou l'autre produit, en antagonisme avec le principe de la spécialisation.

Les moutons désignés communément sous le nom de métis sont le résultat de ces essais, animaux qui, selon les éléments mis en jeu pour les produire, tendent plus ou moins vers l'un ou l'autre type, et dont la laine est classée sous ce titre : laine *intermédiaire*. S'il est des conditions, des milieux où l'entretien de ces métis peut être considéré comme une nécessité, nous ne pouvons guère accepter comme réels les avantages qu'on en retire. Les métis ne nous apparaissent point comme un progrès à poursuivre, ils marquent tout au plus une transition entre deux de ses phases.

L'art qui a produit les races métissées est évidemment un art encore dans l'enfance. Ce que l'homme doit poursuivre, c'est la perfection, et les races intermédiaires sont également loin des deux types qui les représentent. Une certaine école a cherché à combattre les races artificielles en essayant de les opposer aux races qu'elle dit être *naturelles*. Nous n'entrerons évidemment pas ici dans cette discussion, nous nous contenterons de faire observer qu'en créant ces races artificielles, reconnues aujourd'hui pour parfaitement fixes, définitivement acquises à la civilisation, l'éleveur n'a transgressé aucune des lois naturelles. Un semblable résultat n'est pas d'ailleurs au pouvoir de l'homme ; il ne peut rien créer en dehors d'elles, il ne peut que diriger ses efforts dans le sens de la loi naturelle à laquelle il veut obéir. Toute race arrivée à sa perfection est le produit de l'intelligence humaine combinée avec les forces de la nature ; les races perfectionnées naissent de besoins déterminés dans des conditions définies et suivent la loi du progrès. Le véritable nom qu'il faille leur donner est donc celui de *races industrielles*, tous les autres ne sont que les produits incultes de terres incultes, de la pauvreté et de l'ignorance.

Nous résumerons donc cette étude en disant avec Baudement :

La perfection pour l'organisation de la production zootechnique consiste, comme pour l'organisation de toute production industrielle, dans la division du travail, c'est-à-dire dans la *spécialisation* des animaux.

GUY DE CHARNACÉ.

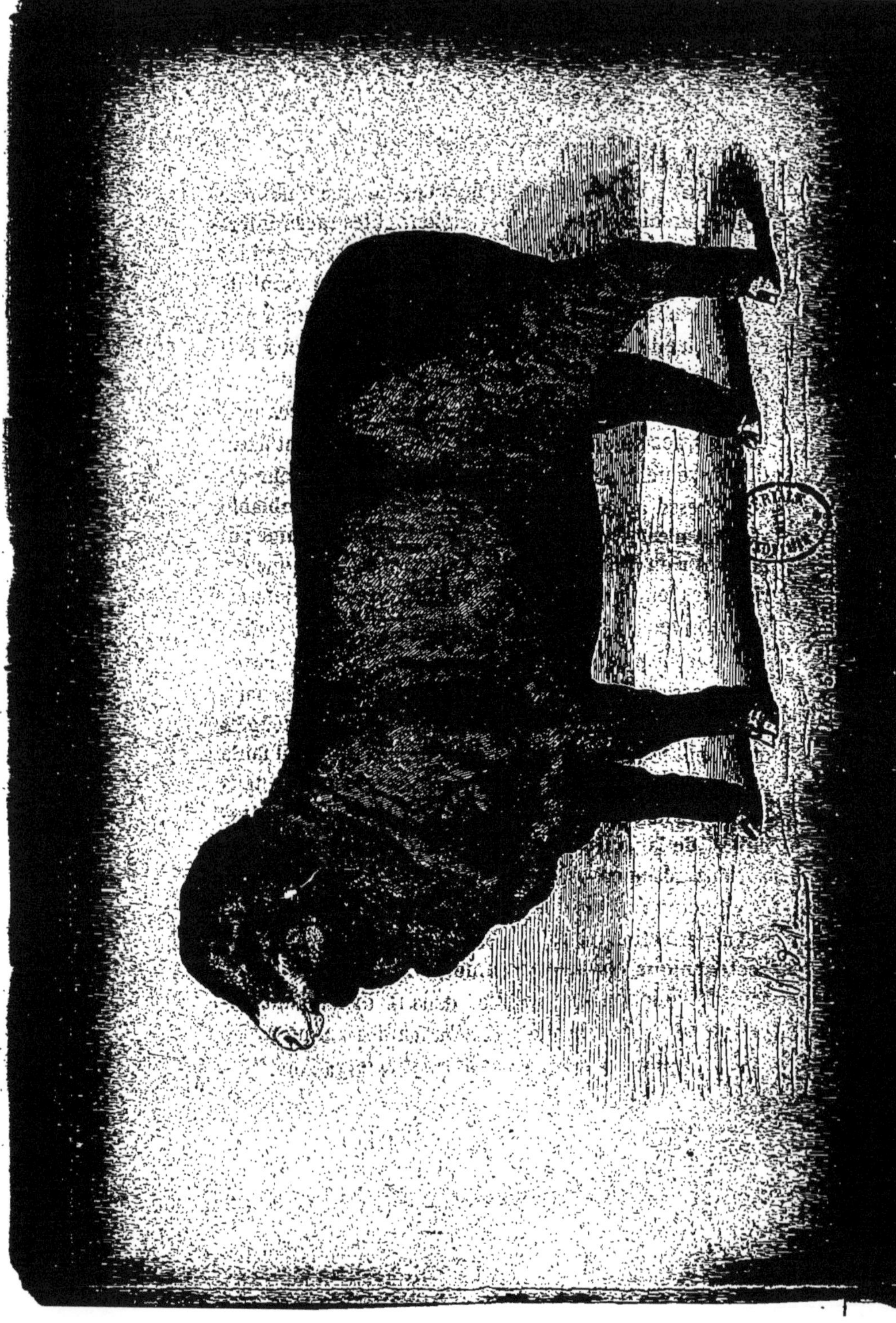

HISTOIRE

DE LA

RACE MÉRINE

I

Élevage des Mérinos en Espagne.

La race des moutons Mérinos s'est formée en Espagne. Fidèle à la marche que j'ai toujours suivie, je parlerai du pays avant de parler des animaux qui y vivent, c'est préparer une explication pour bien des faits.

La Péninsule espagnole est une haute terre dont la partie centrale a la forme d'un tronc de pyramide quadrangulaire. La face supérieure de ce tronc de pyramide est le plateau des Castilles, d'une altitude moyenne de 700 mètres environ au-dessus du niveau de la mer, plus élevé à l'est qu'à l'ouest, au nord qu'au sud, et composé lui-même de deux plateaux parallèles : au nord, la Vieille-Castille, à laquelle s'annexe le royaume de Léon ; au sud, la Nouvelle-Castille.

Ce grand plateau central est bordé de montagnes

qui forment comme l'arête de la face supérieure du tronc de pyramide. Ces faces latérales, ces talus par lesquels le plateau castillan s'abaisse sur les terrasses qui l'entourent à sa base, présentent un enchevêtrement inextricable de contre-forts élevés, escarpés, ravinés, se prolongeant à travers les terrasses terminales, et servant de limites, il faudrait dire de barrières, entre les diverses provinces.

Ces terrasses, ces provinces sont : au nord, les Asturies, les provinces Basques, la Navarre et la partie septentrionale de l'Aragon ; à l'est, la partie méridionale de l'Aragon, la Catalogne, les royaumes de Valence et de Murcie ; au sud, l'Andalousie et le royaume de Grenade ; à l'ouest, l'Estramadure, le Portugal et la Galice.

Cette configuration de l'Espagne n'a pas été sans influence sur son histoire. Elle explique comment ont pu se perpétuer les dissensions entre les provinces, se prolonger les luttes entre elles pour défendre leur isolement, résister à l'unité que la Castille est enfin parvenue, grâce à sa situation plus favorable, à leur imposer avec plus ou moins de peine. Elle explique encore comment la guerre défensive a pu être soutenue si souvent avec succès dans un pays où la nature semble avoir fortifié la place tout à l'avantage de l'assiégé. Malheureusement, elle explique aussi comment ces guerres civiles si faciles, ces rivalités, ces luttes, ont si longtemps arrêté le développement de l'agriculture et des industries de la paix. De telles conditions, alors même qu'elles sont compensées par la richesse naturelle du sol, et alors surtout, sont un don fatal, un danger permanent pour un pays.

Le plateau des Castilles est nu, aride, sans ombrage, sablonneux, couvert de bruyères et de genêts. Les centres de population y sont rares comme les champs cultivés. Les plaines sont de véritables steppes, souvent sans routes, et formant d'immenses pâturages naturels où les villes et les villages se montrent comme des oasis peuplés. Ces traits sont aussi ceux que présentent les plateaux secondaires qui forment la lisière du grand plateau central, principalement à l'est, et qu'on désigne sous les noms de *paraméras* ou de *muélas*.

Plus bas, on arrive, par des gradins successifs, à des plaines admirablement arrosées et cultivées, où les plus riches récoltes des pays tempérés se trouvent réunies à celles des pays chauds.

Par ces caractères, l'Espagne présente une configuration exceptionnelle en Europe; elle est asiatique et africaine par sa topographie, comme elle l'est, d'ailleurs, par son climat, surtout au sud et à l'est.

Sa température moyenne est comprise entre 15 et 20 degrés, comme celle de l'Italie, des côtes syriennes et barbaresques de la Méditerranée, comme celle de la région caucasienne et du plateau central de l'Asie. Les variations extrêmes y oscillent autour des mêmes nombres que dans ces pays : autour de 10 degrés pour l'hiver, et de 25 degrés pour l'été. L'air y est pur et sec; le plateau castillan est un des points de l'Europe où il tombe le moins de pluie. L'Espagne, en général, comme les autres contrées que je viens de lui comparer, est placée sur la limite qui sépare la région des pluies d'hiver de la région des pluies d'automne, la première plus méridionale que la seconde. Le rapprochement que j'établis se justifie donc par les causes générales et secondaires qui déterminent les conditions climatériques d'un pays.

D'après ce tableau, on voit tout de suite quelles sortes de races ovines l'Espagne peut nourrir : dans les parties basses et cultivées, des moutons de grande taille et à longue laine ; dans les parties plus élevées et moins riches, à pâturages moins abondants, moins aqueux et plus fins, des moutons de plus faible développement et à laine courte. Ceux-ci sont devenus les moutons Mérinos.

On ne sait guère ce que signifie ce nom de *Mérinos*. Suivant les uns il serait dérivé du mot *mérino*, employé pour désigner à la fois un mouton voyageant de pâturage en pâturage, et le juge devant qui sont portées les questions de parcours, dont la juridiction est appelée *merinadad*. Suivant les autres, le nom de mérinos viendrait de l'adjectif *marinos*, rappelant que la race est venue d'outre-mer. La première de ces explications semble prendre le mot lui-même par son étymologie ; la seconde paraît simple, mais elle pourrait bien cacher plus de prétention à l'érudition qu'elle n'en affiche, et vouloir, par un facile rapprochement de consonnances, trancher la question controversée de l'origine des Mérinos.

Quel que soit le sens primitif du mot, la race elle-même se définit par la caractéristique suivante, qui se rapporte spécialement au Mérinos du siècle dernier, c'est-à-dire à l'époque où la grande réputation des moutons espagnols appela l'attention des peuples de l'Europe.

Par sa taille, le Mérinos d'Espagne se rapproche plus des petites races que des grandes : sa hauteur au garrot est, en moyenne, de 65 centimètres ; mais il peut naturellement, suivant les localités, c'est-à-dire suivant les ressources élémentaires qu'il trouve habituellement, rester au-dessous de cette taille ou la dépasser. Ainsi, les Mérinos de Soria, qui habitent constamment la partie montagneuse du nord-est de la Vieille-Castille, ou de ces plateaux steppes dont je vous parlais tout à l'heure, et qui ne voyagent pas pour aller chercher des pâturages plus nourrissants, sont de plus petite taille que les autres Mérinos du plateau castillan, placés dans des conditions plus favorables et qui changent de pâturages selon les saisons. On a mesuré des Mérinos d'Espagne, dont la hauteur au garrot était de 55 centimètres, tandis que chez d'autres elle s'élevait à 80 ; mais, sous ces variations, les caractères restent les mêmes, car la taille ne préjuge rien sur la conformation même des animaux, qui dépend, dans son ensemble, de l'ampleur du corps et du développement relatif des membres aussi bien que de l'encolure.

Le corps du Mérinos est assez court, sans être, pour cela, ni trapu ni ramassé ; en général, la hauteur au garrot égale les deux tiers de la longueur, de sorte que celle-ci mesure un mètre environ, de la nuque à la queue. Ce qui empêche que, sous ces dimensions, le Mérinos ait une forme compacte, c'est que l'encolure et les membres sont proportionnellement longs ; la poitrine est étroite, la côte plate ; le dessus manque de largeur ; aussi les membres se trouvent-ils rapprochés ; généralement ils sont très-d'aplomb.

La tête est grosse, la face large, le chanfrein arqué, sans être tranchant comme dans plusieurs de nos races indigènes. Le mâle porte le plus souvent des cornes épaisses, rugueuses, contournées en spirale, même en spirale redoublée, et quelquefois très-longues ; on en a mesuré qui portaient chacune 66 centimètres, de la base à l'extrémité. Ordinairement, les brebis sont dépourvues de cornes ; quand cet appendice existe chez les femelles, il est petit. La présence des cornes chez les mâles paraît constituer un caractère très-ancien dans la race ; car, s'il est vrai qu'un bélier sans cornes puisse naître fortuitement dans un troupeau, le cas est exceptionel, et si l'éleveur, en accouplant ce bélier avec des brebis issues de pères ayant présenté la même particularité, obtient des générations chez lesquelles les cornes manquent, il est certain aussi, d'après des expériences faites, durant plusieurs années, à Rambouillet et à Perpignan, que des béliers sans cornes peuvent produire des béliers armés de cornes. C'est là l'effet d'un atavisme puissant.

Les fortes dimensions de la tête et de la face, en harmonie avec la grosseur des membres, dénotent une charpente osseuse développée ; et ce caractère, uni à ceux que présente la forme générale des corps, n'indique pas un animal de boucherie bien parfait. Cette imperfection relative est la conséquence du mode d'élevage suivi pour le Mérinos ; nous verrons, en détail, comment toutes les conditions dans lesquelles cet animal est placé en Espagne sont peu favorables au développement des aptitudes qui distinguent les races de boucherie, comment, au contraire, ils aident à la production de la laine fine.

Aussi ces défauts qu'on peut reprocher au Mérinos d'Espagne, quand on le place au point de vue de la production de la viande, sont-ils rachetés par la nature merveilleuse de la toison ; c'est le caractère qui frappe tout d'abord à la vue d'un mouton de cette race, c'est lui, en quelque sorte, qui la constitue. La laine couvre tout le corps ; chez les bons animaux, elle envahit la tête, vient entourer les yeux, s'étend sur les joues, jusqu'aux bords de la bouche, descend jusqu'à l'extrémité des membres, jusqu'aux sabots ; elle ne laisse ainsi à nu qu'une faible partie de la face, les aisselles et le plat des cuisses. Cette laine, sécrétée par une peau dont la teinte rosée indique la vitalité, est d'une grande douceur, d'une extrême finesse. Les brins en sont nombreux, pressés, ondulés, résistants, élastiques, très-propres au feutrage ; ils ont environ 6 centimètres de longueur. Vus au microscope, leur diamètre mesure à peu près un quarantième de millimètre ; ils présentent huit à dix ondulations sur une longueur d'un centimètre, et, sur la même longueur, neuf cent cinquante à mille dentelures qui découpent ses bords comme des lames de scie. En comparant ces nombres à ceux que nous fournissent des mesurages analogues pour d'autres races dont nous ne pouvons nous occuper, on en appréciera ainsi le sens exact et la valeur ; mais on voit déjà, d'après les connaissances que nous avons de la constitution de la laine, que la longueur détermine le travail qui convient à cette sorte de matière, que ce travail est celui de la carde ; que le faible diamètre et le nombre considérable de spires révèlent une grande finesse, une grande élasticité ; que les dentelures rapprochées accusent encore cette finesse en même temps que la propriété feutrante des brins.

Ces brins si fins, si serrés, si étroitement unis, sont imprégnés d'un suint très-abondant qui contribue encore à la douceur de la laine et au clos de la toison. Le tassé est si parfait, la fermeture si complète, que les corps étrangers ne peuvent pénétrer profondément. La poussière, retenue à la surface de la toison et agglutinée par le suint, forme une sorte de croûte d'un gris noirâtre sous laquelle l'animal est enfermé, et qui lui donne une physionomie étrange, toute particulière à la race. Au repos, cette surface reste continue ; si le mouton se déplace, si les effets musculaires des membres forcent la peau à s'étendre, la toison cède, se divise par brusques interstices; il semble que l'enveloppe craque, tant la rupture entre les brins est brusque et nette.

La vue ne révèle pas tous les caractères de cette toison; mais que l'on applique la main à sa surface, et l'on éprouvera une résistance qui en dénote l'uniforme développement, la force continue, l'élasticité, le tassé. Que l'on essaye d'en saisir une partie, la main est aussitôt remplie, et ce simple contact a suffi pour laisser aux doigts des traces de matière grasse qui attestent l'extrême onctuosité de la laine. Rompez l'enveloppe, la croûte extérieure, écartez les brins de façon à pénétrer jusqu'à la peau; vous trouvez une laine blanche, admirable, présentant tous les caractères que je viens de signaler, et qui constitue le riche produit spécial de la race mérine.

Souvent les Mérinos d'Espagne portent des plis à la peau, sur le haut de la jambe, à la rotule, aux épaules, et surtout autour du cou, de manière à y former une sorte de cravate. Les béliers qui présentent ces plis, principalement ceux de l'encolure, étaient recherchés en Espagne et l'ont été aussi, à une certaine époque, dans les pays qui ont adopté la race espagnole. Cette préférence s'expliquait par l'augmentation du poids de la toison, résultant d'un développement plus grand de la surface cutanée; mais la peau s'épaissit à l'endroit de ces plis, elle se sèche et perd de sa vigueur, de sorte que la laine y devient dure et roide. Une partie de la laine se trouve ainsi très-inférieure au reste et, en définitive, on a plus perdu qu'on n'a gagné sur la valeur totale de la toison. On sait aussi quelle conséquence entraîne avec lui le développement considérable du fanon, celui de tout le système cutané, chez les animaux de toutes les espèces domestiques : généralement, ces animaux ont reçu, dans leur jeunesse, des aliments peu alibiles, plus volumineux que substantiels ; sous l'influence de ce régime, la cavité abdominale a pris plus d'ampleur que la cavité du thorax ; par une suite nécessaire, le ventre est ample, la poitrine réduite ; la machine n'est pas douée d'une grande faculté d'assimilation, son développement est comme retenu, elle consomme beaucoup et rend peu, l'engraissement est difficile et lent ; en un mot, de tels animaux sont à la fois voraces et prodigues, si on veut me permettre d'employer cette expression pour indiquer une dépense considérable sans profit compensateur.

Choisir, dans la race mérine, des animaux de cette nature, c'est chercher l'exagération des défauts mêmes de la race, c'est vouloir des Mérinos deux fois mauvais comme consommateurs. Il suffit bien que la supériorité des Mérinos comme race à laine fine ait pour contre-partie nécessaire leur infériorité comme race de boucherie ; aller au delà, c'est vouloir plus que ne veulent les lois de la physiologie, c'est pousser, non à la spécialisation des qualités, mais à la spécialisation des défauts. La recherche des plis à la peau chez le bélier est donc une erreur, un calcul doublement faux, et sur la valeur de la toison et sur la valeur générale de l'animal. Un choix persévérant de reproducteurs, chez lesquels les plis manquent, parvient, comme l'expérience l'a démontré, à faire disparaître un caractère qu'un soin tout différent avait rendu héréditaire.

Le prix de la toison des Mérinos est plus considérable pour les béliers et les moutons que pour les brebis, dont la taille est plus petite. En moyenne, on estime que la toison en suint pèse de 4 à 5 kilogrammes pour les mâles, et de 2 à 3 kilogrammes pour les femelles. Comme le nombre des brebis, dans un troupeau espagnol, est beaucoup plus considérable que celui des béliers et des moutons, par suite de certaines nécessités d'élevage dont je vous parlerai tout à l'heure, on peut, sans erreur, porter le poids moyen de la toison à 3 kilogrammes par tête adulte pour les Mérinos d'Espagne. Au lavage, la laine de ces moutons perd communément 60 pour 100, moins dans les premières qualités que dans les dernières, ce qui donne un rendement en laine lavée de 1 kilogramme 200 grammes, par tête et par an.

Tel est l'ensemble des traits caractéristiques de la race mérine : un coup d'œil sur la méthode suivie pour l'élevage des moutons en Espagne va compléter ce portrait dans ses détails, en signalant les influences que les animaux subissent.

Du point de vue le plus général, on peut distinguer deux catégories de moutons espagnols : celle des *stationnaires* et celle des *transhumants*. Ces deux épithètes indiquent assez les habitudes des uns et des autres : les premiers restent toute l'année dans un même canton ; les seconds voyagent, changent périodiquement de séjour. Cette différence dans ce mode d'entretien est importante, puisqu'elle est amenée par des différences dans la nature des localités.

La catégorie des moutons *stationnaires* comprend les grandes races des contrées basses, les moutons de sang mêlé et une petite partie des Mérinos purs. Ces derniers, les seuls dont nous nous occupions ici, sont tenus sur des fermes ou dans des contrées qui les peuvent nourrir suffisamment en toute saison, grâce à des pâturages naturels, car la culture ne songe guère à former des prairies, à soigner des plantes spéciales pour la nourriture des moutons. C'est donc dans les parties les mieux abritées, les moins brûlées par le soleil, par conséquent, dans les plaines protégées par le voisinage des montagnes, qu'on garde les troupeaux stationnaires. Ces conditions se présentent sur un certain nombre de points, dans le centre et dans le nord ; on peut citer en particulier les pâturages qui s'étendent au pied des monts Carpétaniens, entre les deux Castilles, et principalement dans les intendances de Soria, de Ségovie, d'Avila. Dans quelques parties de l'Espagne, on tient les Mérinos *stationnaires* au parc, hiver et été, en les enfermant dans des claïes, ou en les entourant de filets, comme le pratiquaient les anciens Romains.

Les moutons *transhumants* appartiennent tous à la race mérine pure dont ils forment les neuf dixièmes à peu près. Le nombre de têtes composant cette race était évalué à cinq millions, il y a presque un siècle ; on le porte aujourd'hui à dix millions, c'est-à-dire à la moitié environ de la population ovine totale de l'Espagne.

Les voyages qu'accomplissent les Mérinos *transhumants* ont pour but d'équilibrer à la fois la température et l'alimentation durant toute l'année, en portant les animaux, en été, sur les parties plus élevées du nord, en hiver, dans les plaines méridionales. Ils cherchent ainsi à réaliser la condition d'élevage, malheureusement la moins générale, et cependant la plus nécessaire au succès, notamment quand on veut obtenir la laine fine : l'uniformité de régime.

C'est dans le mois d'avril et au commencement de mai que les troupeaux quittent les pâturages d'hiver pour gagner leur station d'été ; c'est vers la fin de septembre et dans le mois d'octobre qu'ils redescendent, des plateaux et des montagnes, aux parties basses plus tempérées. Les distances à franchir, dans ces marches alternatives du sud au nord et du nord au sud, varient nécessairement suivant l'éloignement des points extrêmes ; elles sont généralement considérables, quelquefois de 150 et de 200 kilomètres. Les moutons voyagent pendant le jour seulement, par petites étapes; un quart de l'année est employé à ces migrations.

Les cantonnements d'hiver sont situés, en général, au sud de la Guadiana, qui coule de l'est à l'ouest, et coupe l'Espagne à peu près au tiers méridional de sa hauteur, en laissant au-dessous d'elle une partie de l'Estramadure, de la Nouvelle-Castille, l'Andalousie, la Murcie, le royaume de Grenade. C'est dans ces contrées que les moutons hivernent, principalement dans les trois premières. Les cantonnements d'été se trouvent au nord du même fleuve. Comme je l'ai dit précédemment, l'Espagne se trouve sur la limite de la région plus méridionale des pluies d'hiver, et de la région plus septentrionale des pluies d'automne ; la ligne de la Guadiana est voisine de cette limite, de sorte que les troupeaux, en passant du sud au nord, vont vers les parties où la chaleur moins vive, l'altitude plus grande, les pluies de l'arrière-saison leur ménagent des pâturages meilleurs ; en redescendant du nord au sud, ils gagnent, à une époque avancée de l'année, des contrées où les pluies de l'hiver entretiennent, sous une température plus douce, la pousse continue des herbes. Ainsi se trouvent équilibrés, comme je vous le disais, et la chaleur et le régime.

Quand arrive, avec le printemps, le moment de se diriger vers le nord, deux grands corps *transhumants* se forment, l'un à l'ouest, l'autre à l'est. La division *occidentale* sort de l'Estrémadure, se répand presque tout entière dans le royaume de Léon, dans les Asturies, et, pour une faible partie, dans les pâturages qui longent les monts Carpétaniens, au sud de la Vieille-Castille. Les Mérinos qui la composent sont désignés sous le nom de races *Léonaises*, en raison de leur habitation d'été ; on les considère comme les meilleurs de toute l'Espagne, et l'on a distingué parmi eux plusieurs familles ou troupeaux plus en réputation, à l'époque où les peuples de l'Europe tirèrent des Mérinos de l'Espagne. Tels étaient les *Infantados ;* tels étaient aussi ceux qui formaient la cavagne de *Negretti*, nommée encore sous-race de *Negretti*, du nom de la maison qui possédait ces Mérinos et faisait le commerce de leurs laines. Ces *Negretti* étaient les plus grands et les plus forts de tous les Mérinos d'Espagne.

La division *orientale* quitte les frontières de l'Estramadure, l'Andalousie, le sud de la Nouvelle-Castille formant la province de la Manche, se porte vers Madrid, puis au nord-est, à Soria ; aussi distingue-t-on les Mérinos de ce groupe sous le nom de races *Sorianes*, regardées comme inférieures aux Léonaises, et même aux Ségoviennes, qui se classent entre les deux, par leur situation géographique comme par leur qualité. Les laines vendues sous le nom de *Ségoviennes* proviennent en grande partie de troupeaux *stationnaires*. Parvenus aux pâturages de Soria, une partie des moutons y restent ; d'autres, poussant plus au nord encore, se répandent dans la Navarre et jusqu'aux Pyrénées. C'est aussi dans ces montagnes que sont conduits les troupeaux des plaines voisines.

Les grands propriétaires de Mérinos possèdent des troupeaux de cinq mille, très-ordinairement de vingt mille, quelquefois de soixante et de quatre-vingt mille têtes. Des animaux aussi nombreux ne pourraient voyager en masse ; ils se nuiraient sur les pâturages et échapperaient à la surveillance. Aussi fractionne-t-on ces immenses troupes en groupes de mille à douze cents têtes environ, de même qu'on réunit les troupeaux plus faibles des petits propriétaires. Un berger en chef, nommé *mayoral*, est mis à la tête de chaque fraction, ayant sous ses ordres cinq ou six hommes accompagnés de leurs chiens. Quelques bêtes de somme suivent le troupeau, portant le bagage, les parcs, les provisions, la dépouille des animaux qui meurent en route. Une population particulière de bergers est donc destinée à suivre les Mérinos dans toutes les phases de leur vie sédentaire ou errante ; on en évalue le chiffre à cinquante mille ; c'est environ un homme pour deux cents moutons. Les chiens, destinés seulement à défendre le troupeau contre les loups et les voleurs, et non à le conduire comme chez nous, sont portés au nombre de trente mille.

C'est pendant les voyages que s'accomplit l'opération importante de la tonte; elle se pratique dans la première partie de la marche des Mérinos vers le nord, et tout est réglé pour qu'elle s'achève dans l'intervalle de cinq à six semaines, du commencement de mai à la mi-juin. Des bâtiments spéciaux, nommés *esquileos*, sont préparés sur divers points de la route ; les troupeaux y arrivent successivement et par ordre ; des ouvriers, qui ont chacun leur fonction particulière, y trouvent leur habitation. C'est aux *esquileos* que les marchands viennent acheter les laines, quand la tonte n'a pas été retenue, un, deux et même trois ans à l'avance. Autrefois, toutes les laines, après le triage des qualités, étaient lavées à l'*esquilco* ou aux lavoirs ; la coutume de vendre en suint s'est beaucoup répandue. Après la tonte, les animaux allégés vont plus vite dans la seconde partie de leur course.

Les béliers et les brebis sont conduits en troupeaux séparés ; on les réunit à l'époque de l'accouplement, qui a lieu en juillet et en août, quand les animaux, mâles ou femelles, ont atteint l'âge de deux ans. On compte généralement un bélier pour vingt à vingt-cinq brebis, et l'on utilise, pour la reproduction, le premier jusqu'à huit ans en général, les secondes jusqu'à sept. Cependant, dans les troupeaux où le choix des reproducteurs est plus scrupuleux, on soumet les béliers à la castration pour les préparer à la boucherie quand ils commencent à donner moins de laine, de six à sept ans ; quelques-uns, en plus petit nombre, subissent cette opération à quatre, cinq ou six ans. On voit que la race n'est engagée dans aucune des voies qui conduisent à la précocité, et que l'aménagement des pâturages n'a rien prévu en particulier pour l'engraissement.

Quand les troupeaux reprennent leur chemin du nord au sud, en septembre ou octobre, leur marche est ralentie, car il faut ménager les brebis dont la gestation est alors avancée et qui, en raison même de cette vie nomade et de la fatigue des parcours, sont sujettes à l'avortement. Les agneaux naissent en novembre et décembre, après une parturition souvent laborieuse, occasionnée par l'épaisseur des os du crâne qui doivent fournir des axes osseux au développement considérable des cornes. On tue, aussitôt après la naissance, la moitié environ des jeunes animaux, quelquefois même les trois quarts dans les années où les pâturages font défaut. Ce sont les mâles qu'on sacrifie les premiers, en ne conservant qu'une réserve pour la remonte ultérieure du troupeau. On a vu le nombre d'agneaux tués ainsi être assez grand pour que les habitants des villes voisines les achetassent au prix de dix à quinze centimes; c'est à peu près le prix auquel se vend aussi la peau. Les agneaux survivants peuvent alors utiliser le lait de deux brebis, et on les laisse teter aussi longtemps qu'ils le veulent; ils ne sont séparés de leurs nourrices qu'à la montagne, c'est-à-dire quand ils ont cinq ou six mois.

Le sacrifice d'un nombre aussi considérable de jeunes agneaux est une nécessité pour le succès de l'élevage de la race mérine. Les pâturages des contrées que j'ai décrites peuvent être suffisants et fournir aux animaux une alimentation assez uniforme, grâce aux compensations qu'établit le transhumanie, mais ils ne sont pas riches; ils offrent les conditions que nous avons reconnues favorables aux moutons à laine fine, mais ils les offrent tout juste. Garder un trop grand nombre de têtes, ce serait éparpiller les ressources sans les utiliser; imposer à chaque mère l'obligation d'allaiter son agneau, ce serait partager une nourriture déjà mesurée que réclame la production de la laine, et qui ne profiterait qu'à la multiplication d'un troupeau sans valeur.

On sait que l'époque de l'allaitement est toujours critique, que beaucoup de brebis se délainent facilement alors, précisément à cause de ce partage des aliments entre la sécrétion du lait et celle de la laine. De cette nécessité de se défaire d'un grand nombre de jeunes nourrissons, née ainsi de la nature du régime auquel sont soumis les Mérinos, est résulté, comme contre-coup, pour les femelles de la race, le caractère commun de mauvaises nourrices qui vient s'ajouter à celui de mères peu fécondes.

Tout à fait inférieure comme race de boucherie, et dans sa conformation et dans ses facultés d'assimilation, inférieure aussi pour la production du lait, pour la fécondité, pour la vigueur, la race mérine doit donc uniquement sa valeur à la production de la laine fine, à laquelle toutes les autres aptitudes ont dû être subordonnées et sacrifiées. Nous venons de voir que, les conditions générales du pays aidant, les habitudes de l'élevage ont été calculées pour la réussite de cette spécialisation de la race.

Toutes bien entendues qu'elles soient, les pratiques de l'élevage, et en particulier la transhumanie, sont-elles imposées par la nature à l'éleveur, et indispensables à la perfection de la race mérine en Espagne? Non, et, c'est par erreur qu'on a attribué à la transhumanie une influence utile sur la finesse de la laine ; on s'est laissé frapper par les deux faits les plus saillants chez les Mérinos, la perfection de la toison et les habitudes nomades, et, sans trop de réflexion, on a rattaché l'un à l'autre comme un effet à sa cause. On aurait pu remarquer, cependant, qu'il existe, en Espagne même, des moutons stationnaires dont la laine, aussi belle que la laine des transhumants, est souvent mêlée à celle-ci et vendue comme elle. On aurait pu se demander pourquoi cette finesse et cette perfection dans les toisons n'avaient été obtenues dans aucune des races ovines soumises à des habitudes identiques, dans des pays analogues à l'Espagne : ni chez les Tartares nomades du centre de l'Asie ; ni chez les anciens pasteurs de la Syrie, de la Libye, de l'Italie méridionale ; ni chez aucune des nations plus modernes des côtes barbaresques, du royaume de Naples, même de nos départements méridionaux qui envoient périodiquement leurs troupeaux, soit aux Alpes, soit aux Pyrénées.

Une fausse interprétation des observations de Daubenton a conduit aussi à attacher à la transhumanie une action qu'elle n'a pas. Daubenton, durant plus de trente ans, a tenu un troupeau d'environ trois cents têtes, en plein air, jour et nuit, sans nul abri, pas même pour le râtelier, et sans autre logement qu'un enclos fermé de murs. L'expérience a eu lieu à Montbard, dans le département de la Côte-d'Or, dans la partie de l'ancienne Bourgogne désignée sous le nom d'Auxois. Le climat de cette partie centrale de la France n'est pas comparable à celui de l'Espagne ; la température moyenne y est de onze à douze degrés ; les moutons ont eu à y supporter des années pluvieuses, des vents froids et violents, des brouillards, la neige, la grêle, des hivers qui ont fait descendre le thermomètre à dix-huit, dix-neuf et plus de vingt degrés au-dessous de zéro, comme dans les années 1767 et 1768, 1776 et 1777. Cependant les animaux ont conservé le meilleur état, et leur laine s'est affinée.

Les moutons soumis à cette épreuve appartenaient en partie à la race locale de l'Auxois à laine moyenne, à la race du Roussillon à laine très-fine, et provenaient aussi d'alliances entre ces deux races. Daubenton, en unissant les brebis de l'Auxois au bélier roussillonnais, avait obtenu des agneaux dont la laine égalait la laine du père ; puis, en accouplant ces métis, il avait eu des produits dont la laine dépassait en finesse celle du bélier roussillonnais lui-même. Étonné de ce résultat, il en chercha la cause et ne voulut la reconnaître ni dans l'influence du père ni dans l'influence de la nourriture, bien que des faits de cet ordre ne fussent pas rares, et qu'ils s'impliquassent, dans l'espèce même, précisément par l'atavisme et par l'ensemble des soins que l'observateur prenait. Daubenton, en effet, choisissait les reproducteurs les plus remarquables par leur toison et descendant des meilleurs souches ; il conduisait ses troupeaux au parcours sur de petites montagnes, sur des coteaux secs et maigres, très-bons, comme il l'a fait observer lui-même, pour la production des laines fines ; en un mot, il réglait le régime et appareillait les reproducteurs de façon à déterminer l'affinement des laines, etc. En dehors des reproducteurs et du régime, Daubenton ne vit plus que l'influence de la vie en plein air, et rattacha à cette cause l'amélioration des laines en finesse. Toutefois il ne présenta cette idée que comme une présomption, avoua qu'il n'avait pas de preuves directes et en référa à l'expérimentation ultérieure. Ceux qui ont voulu appuyer leur sentiment sur l'autorité de Daubenton n'ont pas été aussi réservés que lui, ils ont affirmé où il avait douté, et ont prétendu trouver une preuve, une justification dans les habitudes nomades de la race mérine. L'expérience que réclamait Daubenton s'est produite depuis, dans la création de la race mérine de Saxe, chez laquelle la laine a atteint une finesse supérieure à celle des Mérinos d'Espagne et à celle des métis de Daubenton, bien que les moutons fussent tenus en stabulation étroite. Les Mérinos, transportés sur tous les points de l'Europe et des autres parties du monde, ont donné des laines aussi fines qu'en Espagne même, bien qu'ils reçussent des soins fort divers.

La transhumanie n'explique pas la qualité des laines d'Espagne, la vie en plein air ne l'explique pas davantage. Les voyages, l'air pur, supposent seulement et entretiennent la bonne santé chez les moutons capables de les supporter. Les causes qui ont amené la race mérine à son degré de perfection sont exactement celles qui ont donné à Daubenton les résultats qui l'étonnaient : une alimentation suffisante et régulière ; le choix de reproducteurs d'élite. Si les pays que je citais tout à l'heure comme pratiquant l'élevage des moutons sous des climats analogues à celui de l'Espagne, et en soumettant les animaux à un traitement semblable, n'ont pas réalisé le type que l'on admire chez les Mérinos, c'est qu'ils n'ont pas su fournir aux moutons le régime approprié, ni choisir aussi bien les reproducteurs en vue de la laine fine, c'est qu'ils ont laissé les animaux vivre dans l'abondance au moment de la grande végétation, et mourir de faim au temps mauvais; c'est qu'ils n'ont pas apporté le même soin à rester maîtres de la reproduction, en tenant séparément les béliers et les brebis; c'est qu'ils ont songé à multiplier leurs troupeaux plutôt qu'à les améliorer et à en proportionner le nombre à leurs ressources; c'est qu'ils ont compté beaucoup trop sur la nature, et pas assez sur leur industrie. Ce ne sont pas des circonstances fortuites, ce n'est pas la nature seule, comme on l'a voulu croire, qui a fait naître les moutons Mérinos et en a soutenu la qualité; les mêmes procédés, la même nature, n'ont pas produit ailleurs une race de cette valeur.

Malgré la simplicité, la grande naïveté de sa méthode, l'élevage des Mérinos en Espagne satisfait, en réalité, à toutes les conditions reconnues nécessaires à la production des laines fines; mais il y satisfait dans les limites d'une agriculture primitive et pastorale. Et c'est pour cela que je me suis arrêté aux détails de cet élevage. Il est des pays dont les conditions d'économie rurale ressemblent à celles de l'Espagne, où la méthode espagnole pourrait être, en beaucoup de points, appliquée pour l'amélioration des races ovines ; notre Algérie, entre autres, se trouve dans ce cas.

Si les moyens employés pour entretenir la race mérine sont bien en harmonie avec les données d'une agriculture peu avancée, il ne s'ensuit pas que l'Espagne doive rester à cette période du développement agricole. Le choix intelligent des reproducteurs et la constance d'un régime bien réglé peuvent s'allier parfaitement avec un autre milieu et d'autres combinaisons ; on pourrait demander à des récoltes les ressources que l'on va chercher, par de longs et lointains voyages, sur des pâturages naturels ; on pourrait ainsi supprimer ces courses de huit à neuf millions de moutons à travers le pays, condamnant à la stérilité les immenses voies qui servent à leur passage, dévorant périodiquement de vastes surfaces où ils n'utilisent qu'une faible partie de la fertilité du sol ; soumettant tout à leurs exigences, subordonnant tout à leurs besoins, dominant seuls, et à l'exclusion de la population humaine, sur une grande étendue du territoire espagnol.

On serait étonné, si je signalais les conséquences funestes de cette domination, qui interdit la clôture des terres, s'oppose à l'ensemencement, force à la location des héritages en faveur des propriétaires des troupeaux ; ces conséquences ne se perpétuent pas seulement par la force de la routine, elles subsistent en vertu de privilèges anciennement concédés, elles sont consacrées par des décrets de toute sorte formant un code spécial, pour un tribunal spécial, celui de la *Mesta*, association toute-puissante qui date de loin entre les grands propriétaires de troupeaux et qui s'est fait établir, de par la loi, juge et partie dans sa propre cause.

Il n'entre pas dans le cadre de cette étude de chercher en détail par quelles modifications dans ses habitudes l'Espagne pourrait conserver sa précieuse race en améliorant son agriculture ; mais je veux arrêter mes réflexions sur l'influence de la grande propriété dans ce pays. On a voulu souvent résoudre, d'une manière systématique, la question de la préférence à accorder à la grande, à la moyenne ou à la petite propriété ; sans quitter le point de vue zootechnique, qui est, en définitive, le point de vue agricole le plus complet, que l'on compare l'Espagne à l'Angleterre, l'on verra constatée la différence des résultats obtenus par la grande propriété, dans l'un et dans l'autre pays, et l'on verra s'il est possible de donner une solution absolue à la question dont il s'agit. Ne semble-t-il pas qu'avant tout il faut désirer pour l'Espagne un esprit et des tendances plus agricoles chez les grands propriétaires, la réforme de droits exorbitants, ou de sages modifications dans la répartition de la propriété. Les autres améliorations suivront. Par son organisation zootechnique, l'Espagne n'est aujourd'hui que la première des contrées pastorales ; elle ne devance les états barbaresques que de la faible distance de son détroit ; elle n'est qu'à peine

5.

européenne ; elle paraît plutôt, par son agriculture, comme par son climat, comme par sa configuration, n'être qu'une partie de l'Asie ou de l'Afrique passée accidentellement à l'Europe.

Ce caractère de l'Espagne vient de se révéler à nous par l'étude de la race qui personnifie son agriculture et pourrait bien servir d'emblème ; il va s'expliquer par l'origine même des Mérinos, par l'histoire de leur formation, rattachée à l'histoire du pays, à celle de l'industrie lainière, et éclairée par elles.

D'où vient la race des Mérinos ? Quel a été son point de départ ? Comment s'est-elle développée ? Quelles ont été ses destinées ? Telles sont les questions auxquelles je me propose de répondre dans le chapitre suivant.

II

Origine des Mérinos.

En rapprochant, dans un même examen, la caractéristique des Mérinos d'Espagne et leur élevage, j'ai eu pour but de faire connaître la race en elle-même, de montrer comment étaient remplies pour elle les conditions de la production des laines fines, de la comparer au type que nous avions pris comme point de départ.

En recherchant l'origine de ces Mérinos, et en étudiant leur histoire dans leur propre pays, je me propose d'appuyer par de nouveaux faits la doctrine de la formation des races, et de juger l'une par l'autre la valeur industrielle et la valeur agricole de la race mérine.

En Espagne, plus qu'ailleurs, l'histoire des animaux domestiques se lie à l'histoire du pays ; on s'explique plus facilement la première quand on suit les grands mouvements des populations que raconte la seconde. J'emprunte donc à l'histoire des peuples qui ont successivement occupé l'Espagne les divisions que j'établis dans l'histoire des Mérinos, et je distingue deux périodes : l'une finit avec la domination romaine ; l'autre commence avec la domination arabe.

Je résumerai en quelques mots les points principaux auxquels je serai conduit à faire allusion pour étudier la première de ces deux périodes.

La population primitive de l'Espagne était composée d'Ibères ; elle se mêla d'abord aux Celtes que les invasions des peuples du Nord dans la Gaule forçaient à franchir les Pyrénées, et plus tard aux peuples divers qui prirent successivement pied dans le pays, Phéniciens, Grecs, Carthaginois, Romains, Wisigoths, Arabes.

De bonne heure l'Espagne fut visitée par les Phéniciens qui, du dixième au onzième siècle avant notre ère, fondèrent tant de colonies florissantes sur les côtes de la Méditerranée. Elle eut des relations avec les Grecs de l'Asie Mineure qui possédèrent aussi une des puissances maritimes les plus étendues de ces temps reculés : Phéniciens et Grecs finirent par s'établir sur plusieurs points de l'Espagne ; les Phéniciens élevèrent des villes, entre autres Cadix, et menacèrent sérieusement l'indépendance des indigènes. Alarmés et redoutant l'audace de ces étrangers, les Espagnols demandèrent aide et secours à Carthage, ancienne colonie phénicienne, grandie par le commerce et devenue la première puissance de la Méditerranée. D'alliés les Carthaginois se firent envahisseurs et soumirent le pays qu'ils étaient appelés à protéger. Contre ces nouveaux maîtres, les Espagnols appelèrent les Romains qui jouèrent à leur tour le rôle de Carthage, tout en flétrissant la foi punique, et commencèrent la conquête du pays. Après deux siècles de luttes, l'Espagne fut réduite en province romaine. Longtemps agitée par ses guerres contre les étrangers, elle ne se reposa que sous cette domination des Romains, et prit, sous l'Empire, le premier rang parmi les provinces.

Tous les peuples qui tentèrent tour à tour de s'établir en Espagne et y réussirent avaient joui d'une grande réputation dans la production des laines. Les Phéniciens, nation grande et intelligente qui a personnifié la première l'habileté commerciale, et qui, si elle n'a pas inventé les arts dont furent dotées les sociétés naissantes, a du moins le mérite de les avoir fait connaître aux anciens peuples, les Phéniciens habitaient une contrée où le mouton avait reçu, dès les premiers âges du monde, les soins les plus suivis, et où il produisit une laine citée comme supérieure à celle des autres pays.

De la Syrie, les races ovines s'étaient répandues en Asie Mineure, comme nous l'avons vu précédemment dans l'histoire générale des migrations du mouton. Les villes grecques, Milet surtout, rivalisaient avec Tyr pour les laines et la pourpre.

Carthage avait hérité des traditions et de la richesse des villes syriennes ; elle accapara, en l'augmentant encore, la puissance commerciale de Tyr et de Milet. Les laines fournissaient aux Carthaginois comme aux Phéniciens un des objets les plus importants d'échange ; elles étaient recherchées aussi pour les étoffes les plus fines.

Au sud de l'Italie, on élevait en Apulie, et l'on soumettait à la transhumanie, des moutons connus pour la qualité remarquable de leur laine, que les Romains désignaient sous le nom de laine grecque ; on sait que la portion méridionale de l'Italie portait le nom de Grande-Grèce en souvenir de l'origine de ses habitants. Tarente possédait ces mêmes moutons, mais ne les faisait pas voyager et les gardait presque toujours à la bergerie ; aussi leur laine l'emportait-elle en finesse sur la laine d'Apulie elle-même.

La laine de Tarente était très-courte, recherchée principalement pour les manteaux, au rapport de Pline, c'est-à-dire très-propre au feutrage. Les moutons de Tarente n'étaient autres que la race milésienne dont je rappelais tout à l'heure l'origine et l'antique réputation.

Comme on vient de le voir, dans la Grande-Grèce, on obtenait des laines plus fines en tenant les moutons en stabulation presque absolue ; l'observation et la pratique des anciens éleveurs avaient été plus loin encore. En Italie, comme dans les pays auparavant célèbres pour les laines fines, on enveloppait souvent de toile le corps du mouton pour garantir la toison des impressions extérieures, affiner davantage et blanchir la laine. Cette laine extraordinaire par ses qualités comme par ses moyens de production était la matière première qu'on employait pour les plus riches étoffes, alors que la soie manquait au luxe des maîtres du monde.

L'Espagne reçut-elle de ses premiers vainqueurs les races ovines auxquelles ils devaient une partie de leur réputation et de leur richesse? Avant la domination romaine, aucune importation de cette nature ne nous est indiquée, ni par l'histoire, ni par les traditions, ni par les fables; mais dans l'hypothèse où l'importation avait eu lieu, on vient de reconnaître que Phéniciens, Grecs ou Carthaginois avaient pu apporter à l'Espagne des moutons à laine fine et que ces moutons, ayant appartenu à la même souche, pouvaient descendre du même sang.

Or, si cette importation reste douteuse en l'absence de tout document authentique, elle prend beaucoup de vraisemblance quand on remarque la facilité et la fréquence des rapports entre l'Espagne et Carthage, le voisinage des côtes hispaniques et africaines; quand on voit que, dès les premières années de notre ère, c'est-à-dire deux siècles environ après l'établissement laborieux de la puissance romaine en Espagne, les écrivains qui nous parlent des produits de ces pays citent ses laines comme étant depuis longtemps universellement renommées par leur finesse.

Pline et Strabon distinguent en Espagne des laines de plusieurs couleurs, blanches, noires, fauves plus ou moins rouges. L'imperfection de procédés de teinture chez les Romains donnait une grande valeur à ces laines naturellement colorées, quand elles possédaient une grande finesse, comme celles d'Espagne. Les laines des Turditaniens étaient les plus fines des laines noires; la laine rouge de Bétique était supérieure encore et sans rivale, comme le dit Pline. Les Turditaniens étaient un peuple de Bétique, et la Bétique correspondait aux divisions modernes de Grenade, d'Andalousie et d'une partie de l'Estramadure, aux provinces d'où nous avons vu les troupeaux Mérinos partir pour aller chercher leurs cantonnements d'été, où nous les avons vus revenir prendre leurs quartiers d'hiver. C'était là que les colons phéniciens et carthaginois s'étaient principalement et d'abord établis : presque toutes les villes de Bétique avaient été fondées par eux.

Aujourd'hui, encore, on rencontre quelquefois en Espagne des Mérinos à laine noire, et bien que depuis longtemps les toisons de cette couleur ne soient pas communes, on a remarqué, dès les premiers temps où la race mérine passe de l'Espagne dans les autres pays, une tendance chez quelques troupeaux à prendre des taches ou une robe noire. Des précautions minutieuses furent même observées dans le choix des béliers contre cette manifestation de l'atavisme, et la couleur noire est devenue une exception fort rare. Il serait peut-être audacieux de faire remonter l'épreuve de cet atavisme jusqu'aux anciens moutons à laine fine de l'Espagne, il est certain cependant que la couleur ne s'opposerait pas à une telle ascendance, si d'ailleurs on pouvait appuyer sur des données concordantes l'hypothèse dont je cherche ici à établir la probabilité. Je n'ai pas besoin de revenir ici sur le fait de la mobilité des couleurs chez les animaux domestiques ; on a déjà cent exemples et de la facilité avec laquelle la robe se modifie, et de la facilité avec laquelle l'éleveur peut, par un choix convenable de reproducteurs, fixer les accidents et les perpétuer. A l'époque où il était avantageux de produire les laines de couleur, on a donc pu multiplier les moutons qui présentaient la teinte qu'on recherchait ; quand l'art de la teinture eut fait des progrès et qu'il fut préférable, au contraire, d'opérer sur la laine blanche, on put encore poursuivre la généralisation de ce caractère et l'obtenir.

Quand Rome eut soumis l'Espagne, ce pays était donc déjà renommé pour ses troupeaux nombreux et pour la qualité de ses laines. Les colons romains restèrent dans la voie agricole ouverte par leurs devanciers ; ils vinrent en grand nombre se fixer ou prendre des propriétés en Espagne, surtout dans cette Bétique, qui avait, à toutes les époques, séduit et attiré les étrangers. Columelle, l'un d'eux, l'oncle de l'écrivain du même nom qui naquit à Cadix et fut le plus savant agronome de l'antiquité, introduisit des brebis de Tarente sur son domaine ; il y envoya aussi des béliers d'Afrique dont la beauté l'avait frappé, et qu'il avait achetés à Rome, où on les destinait aux jeux de l'amphithéâtre. Des alliances eurent lieu entre ces animaux des deux pays, les produits qu'on en obtint eurent une toison où se retrouvaient toutes les qualités des laines tarentines, sauf la couleur qui était celle de la race du père ; preuve certaine que ces béliers d'Afrique provenaient eux-mêmes de races à laine fine. On ne comprendrait guère, d'ailleurs, pourquoi les colons romains avaient accouplé des béliers à laine longue et grossière avec des brebis à laine courte et fine, alors que la production de cette dernière sorte était celle qui offrait le plus d'avantage.

Durant la longue domination des Romains, l'Espagne jouit d'un calme et d'une prospérité qui lui étaient inconnus, et qu'elle ne retrouva que sous la domination des Arabes. Mais entre ces deux périodes viennent se placer trois siècles occupés par les invasions des Barbares et la conquête des Visigoths, et durant lesquels fut suspendu le développement agricole de l'Espagne. En nous arrêtant au cinquième siècle, au moment où la puissance romaine s'éteint dans la Péninsule, voici comment se résument les faits de la première période, de la période ancienne, de l'histoire des moutons espagnols :

D'après le témoignage des auteurs qui ont constaté l'état de l'Espagne, au moment où Rome prend possession du pays et s'y étend, des moutons à laine fine y étaient élevés, spécialement dans la partie où les colons phéniciens, et les conquérants carthaginois s'étaient depuis le plus longtemps établis. L'existence de ces moutons à laine fine était donc antérieure à la domination romaine ; tous les faits historiques la rattachent à la domination carthaginoise, continuant l'œuvre des colonies de Syrie et d'Asie Mineure, de même qu'ils rendent presque certaine l'origine africaine de ces moutons. Il me semble qu'aucune solution d'une question d'archéologie relative aux races humaines, ou aux races d'animaux domestiques, ne réunit en sa faveur autant d'éléments de vraisemblance, et ne se présente même avec plus de chances d'être vraie. D'autres preuves dans le même sens vont venir encore s'ajouter à celles-ci.

Les tendances des anciens éleveurs ont été adoptées et suivies par les Romains. Sans doute il existait aussi en Espagne des moutons à laine longue, dans les localités où l'on en rencontre aujourd'hui; mais nous n'avons aucune sorte de renseignements ni sur ces moutons ni sur ces localités; indice nouveau de la préoccupation unique des producteurs.

On ne peut dire jusqu'à quel point les anciennes races à laine fine s'approchaient de la perfection, qui a fait plus tard la fortune des Mérinos; il n'est pas possible non plus de trouver, entre les moutons des deux époques, un lien nettement indiqué, incontestablement établi, qui permette de rattacher les seconds aux premiers. Nous reviendrons plus loin sur cette question, en étudiant la seconde période, la période arabe de l'histoire des Mérinos. Mais ce qui est certain, c'est que l'ancienne race ovine d'Espagne avait une grande homogénéité, quant à l'origine; c'est qu'elle rencontrait les conditions générales de climat qu'elle aurait pu trouver en Syrie, dans l'Asie méridionale, sur les côtes septentrionales de l'Afrique; c'est qu'elle manifestait une grande tendance à la finesse de la laine, c'est qu'enfin les peuples qui ont occupé l'Espagne, et exploité cette aptitude des moutons, soumettaient généralement les troupeaux à la transhumanie, et que cette pratique se présentait naturellement à eux, comme une habitude et comme les conditions d'une agriculture pastorale.

L'établissement des Wisigoths, étrangers à l'agriculture, ne connaissant et ne respèctant que la profession des armes, changea complétement la constitution de l'Espagne, jeta les fondements du système féodal d'où naquirent les priviléges excessifs des grands propriétaires, et amena la dépopulation. L'élève du bétail et la transhumanie se constituèrent, mais comme une conséquence forcée du passé, exigée par la situation, imposée par la conquête.

Un fait caractéristique de cette époque de transition nous est révélé par l'histoire. Au milieu des dévastations dont l'Espagne était le théâtre, alors que les barbares de toute origine la dévastaient tour à tour, il se forma, au cinquième siècle, une association de propriétaires et de bergers pour l'accroissement et l'amélioration des troupeaux. Défendre la propriété, sauvegarder les progrès accomplis et conjurer l'avenir : tel était sans doute le but de cette association ; elle atteste l'importance qu'avait prise l'élève des moutons et l'attention qu'on apportait à leur perfectionnement.

Les Arabes reprirent les traditions agricoles interrompues, durant trop longtemps, par les Goths. Ils venaient d'une contrée où la transhumanie était usuelle et où elle s'est conservée jusqu'à nos jours. Fixés en Espagne par le charme de leur conquête, les Arabes sous le beau ciel de ce pays, se laissent aller aux mœurs les plus douces, à tous leurs instincts industriels, et se montrèrent envers les vaincus d'une extrême tolérance. Personne n'ignore ce que l'Europe leur dut dans les sciences et dans les arts ; durant leur longue domination, du huitième au quinzième siècle, l'agriculture et l'industrie de l'Espagne prirent dans leurs mains de merveilleux développements. Ils enseignèrent la méthode des irrigations et les arts mécaniques ; ils établirent des métiers à filer, et des ateliers de teinture ; ils installèrent l'industrie lainière, fabriquèrent des tapis, des draps, des serges, des tissus de toute sorte, les plus fins de l'univers, et les vendirent à l'Europe, à l'Afrique, au Levant. L'Espagne fut complétée : en restant agricole, elle devint manufacturière et commerçante.

Pour cette fabrication active, il fallait une matière première abondante et riche ; les Arabes furent aussi heureux éleveurs qu'habiles industriels, et c'est entre leurs mains que se façonna la race des mérinos. Se contentèrent-ils de perfectionner la race locale ? Empruntèrent-ils des reproducteurs à l'Afrique ? Il est impossible de résoudre ces deux questions par des faits positifs ; mais il est probable qu'on peut répondre par l'affirmative à l'une et à l'autre.

Il n'est pas croyable, en effet, que les races à laine fine de l'Espagne aient disparu tout à fait durant les guerres que souleva l'invasion des Barbares ; il est difficile aussi de supposer que les Arabes, qui recevaient des renforts de leurs coreligionnaires et qui conservaient tant de relations avec la côte africaine, n'aient pas introduit des moutons de ce pays en Espagne. La tradition, une tradition vague il est vrai, concorde avec cette dernière supposition, d'après laquelle le Mérinos aurait été importé d'Afrique en Espagne, à une époque déterminée, bien que Gilbert, sans s'expliquer autrement, affirme qu'on le connaît; il semblerait aussi d'après elle que les Arabes auraient mêlé les moutons d'Afrique avec les moutons existant alors en Espagne. En admettant ce mélange, y aurait-t-il eu là formation d'une race par métissage? Nous allons voir qu'il n'en fut rien.

Les faits historiques nous ont déjà conduits à cette conséquence que les moutons à laine fine d'Espagne étaient primitivement les mêmes que les moutons à laine fine d'Afrique, soit qu'ils aient été introduits par les Phéniciens, soit qu'ils l'aient été par les Carthaginois, ce qui est identiquement la même source. Si les Arabes ont fait venir des moutons d'Afrique, ils ont donc tout simplement remonté à cette source, et le sang n'a pas été changé; toutes les conditions extérieures et toutes les conditions d'élevage demeurèrent aussi mêmes de part et d'autre. Quelques faits tendent d'ailleurs à montrer que l'Afrique a bien pu posséder des moutons à laine fine qui n'étaient pas sans analogie avec les Mérinos. Sans parler d'assertions favorables à cette opinion, mais sans vérification possible, je ferai connaître sur ce point quelques observations personnelles.

J'ai eu occasion d'étudier une nombreuse collection d'échantillons de laines, recueillis il y a quelques années parmi les tribus arabes de notre Algérie. Plus tard, lorsque je m'occuperai de cette partie africaine de la France, je présenterai un aperçu sur les qualités diverses de ces laines; ici je me contenterai d'indiquer sommairement les faits qui peuvent éclairer notre discussion. Entre toutes les sortes de laines que produisent les moutons algériens, on en distingue une, courte, frisée, à mèche carrée, qui trahit le principe mérinos et en rappelle le type. La race qui produit cette laine se trouve dans l'est de la province de Constantine, chez les Nemenchas, dans le cercle de Tebessa, sur la frontière de la régence de Tunis. Elle est considérée dans le pays comme tout à fait distincte et fort ancienne. Quand on a étudié cette laine, il devient incontestable qu'elle possède des qualités qu'une sélection convenable de reproducteurs parviendrait à développer, et d'où la laine mérine pourrait sortir avec le temps.

Or, le siége de la race dont il s'agit, qui se répand dans la régence de Tunis et y prend, dit-on, plus de valeur encore, n'est pas éloigné du territoire de l'ancienne Carthage, du foyer principal d'activité et de puissance de cette grande colonie phénicienne. Cette race doit être fort ancienne, comme le pensent les Arabes, car elle n'a pu se former au milieu des mouvements dont les côtes d'Afrique ont été agitées jusqu'à l'époque où les Arabes s'y établirent; et, depuis la conquête arabe, les pratiques de l'élevage sont restées dans un état stationnaire tout à fait primitif qu'il faudrait changer pour améliorer les laines. C'est précisément ce changement que les Arabes d'Espagne auraient opéré ; c'est par là qu'ils seraient supérieurs aux Arabes d'Afrique, comme la race ovine d'Espagne serait devenue supérieure aux moutons africains, tout en étant du même sang.

Trois hypothèses se présentent donc pour expliquer la formation de la race mérine. Suivant la première, cette race ne serait que la race des temps anciens, progressivement améliorée par tous les possesseurs du sol et en dernier lieu par les Arabes. D'après la seconde, la race mérine commencerait aux Arabes qui en auraient tiré la souche d'Afrique et l'auraient perfectionnée par un élevage bien entendu, encouragés par les résultats industriels qu'ils obtenaient. Si l'on en croyait la troisième, cette race proviendrait de croisement entre les moutons à laine fine des temps anciens et les moutons à laine fine des Arabes.

Eh bien, si j'ai bien interprété les faits, l'on reconnaîtra que ces trois opinions sont vraies en partie, et qu'elles peuvent se ramener toutes à une même conséquence : l'unité de sang de la race mérine.

Si, maintenant, en laissant de côté la controverse, en négligeant les importations plus ou moins douteuses de béliers venus du dehors, nous tirons, des faits que nous avons rapprochés, la conclusion la plus simple qu'ils comportent, la race mérine se montre à nous comme le résultat d'une sélection intelligente, poursuivie par tous les possesseurs successifs du sol, pendant des siècles, sous l'inspiration d'une même idée, celle de la production de la laine fine, et arrivant au but sous les Arabes. Cette race est de sang antique et pur ; elle est, par conséquent, puissante par son atavisme. Je ne lui connais d'égale, sous ce rapport, que la race des chevaux arabes.

Et ce qui prouve cette pureté, cette ancienneté, cette puissance, tout aussi bien que la série des faits que je viens de passer en revue, c'est que la race mérine s'est maintenue avec ses caractères dans toutes les conditions les plus diverses de climat et d'élevage ; en Suède comme à la Nouvelle-Hollande, au Cap de Bonne-Espérance comme dans l'Amérique septentrionale, à la bergerie comme en transhumanie. C'est qu'elle a traversé les temps les plus difficiles de l'histoire d'Espagne, sans s'altérer. C'est qu'elle s'est conservée la même quand les pratiques établies par l'intelligence des Arabes ne se perpétuèrent plus que par la routine, quand, de toutes les branches de l'agriculture négligée, l'élevage des moutons fut celle qu'on négligea peut-être davantage.

A ces titres, la race mérine ajoute celui d'être une race vraiment industrielle, comme je l'ai déjà dit, et comme je viens de vous le prouver ; seulement, elle répond à l'époque pastorale de l'agriculture ; c'est le produit zootechnique le plus parfait de cette période, mais cette période n'est pas le dernier terme de la

6

perfection agricole. La race mérine, pour cela, n'est pas plus une race de la nature que le cheval arabe n'est le cheval de la nature : le cheval arabe, comme le mouton Mérinos, est le produit de l'industrie de l'homme à un âge de la civilisation qui n'est pas celui où l'industrie de l'homme forme la race des chevaux anglais ou celle des moutons Dishley.

On retrouve donc, dans l'histoire de la formation des Mérinos, la fortification des principes que j'ai tirés dans mon cours de l'étude des races chevalines et bovines : les races ne se perfectionnent qu'à l'aide d'une alimentation appropriée et constante, un choix persévérant de reproducteurs dans une même vue, la sélection de ces reproducteurs dans un même sang. C'est ainsi seulement que se forment les races fixes, constantes, certaines dans leur action, immuables dans leur type, ce que j'ai appelé les espèces zootechniques.

La question de l'origine des Mérinos et de leur formation étant ainsi résolue, voyons quels ont été pour l'Espagne les résultats de l'exploitation de cette race.

En Espagne, comme partout, la filature de la laine fut d'abord une occupation domestique dont l'origine se perd dans la nuit des temps ; mais, avant qu'aucune autre partie de l'Europe eût commencé le travail industriel de la laine, avant que l'Occident eût mis à profit les découvertes que lui apportait l'Orient, l'Espagne avait reçu des Arabes les premières notions, l'impulsion première, qui lui permirent de mettre en œuvre l'admirable matière première que lui fournissaient ses moutons. Elle produisait, elle fabriquait, elle vendait les laines et les tissus, mais d'abord plus de tissus que de laines, et c'est là ce qui fit son ancienne richesse.

Nous manquons de documents qui nous permettent d'apprécier, par des nombres exacts, l'importance qu'avait prise l'industrie au temps des Arabes; mais nous pouvons nous en faire une idée d'après quelques renseignements généraux. Si nous en croyons les auteurs arabes, la prospérité incontestable dont jouit l'Espagne à cette époque se traduirait par des faits qui peuvent nous en donner une grande idée. Ainsi, les califes de Grenade entretenaient cent mille chevaux dans leurs écuries; il restait soixante-dix bibliothèques publiques que les vainqueurs des Maures livrèrent plus tard aux flammes, et d'où échappèrent un petit nombre de manuscrits parmi lesquels se trouvaient des ouvrages d'agriculture; la population de l'Espagne aurait été alors de cinquante millions de têtes.

Quand Ferdinand III de Castille prit Séville aux Maures, en 1248, il y trouva seize mille métiers à tisser la laine; trois cent mille habitants s'exilèrent alors de cette ville tombée aux mains d'un prince chrétien. On évalue aujourd'hui à cent mille têtes la population de Séville. Sous les Maures, Grenade comptait quatre cent mille habitants; elle en a aujourd'hui quatre-vingt mille.

Cependant, au milieu de cet état florissant, les vainqueurs étaient sans cesse harcelés par les vaincus. Les princes goths réussirent à ressaisir l'Espagne par fractions et en composèrent autant de petits royaumes, jusqu'au jour où toutes ces conquêtes partielles furent réunies dans les mains de Ferdinand. Grenade, dont les étoffes comme les soieries étaient les premières du monde, et qui fut le dernier rempart de la puissance musulmane, tomba au pouvoir de Ferdinand, en 1492, l'année même où Christophe Colomb découvrait un nouveau monde dont les immenses trésors allaient éblouir l'Espagne. En Espagne alors, comme en Australie de nos jours, l'or et la laine se trouvèrent en présence. L'Espagne se laissa fasciner par le précieux métal et sacrifia tout à cette facile richesse, l'agriculture, l'industrie, l'avenir; plus sages et connaissant mieux le prix réel des choses, les colons australiens résistèrent à l'attrait de l'or; la laine lutte avec succès et l'emportera certainement.

Avant le règne de Ferdinand, à qui sa victoire sur les infidèles valut le surnom de *Catholique*, l'exportation des laines d'Espagne paraît avoir pris une grande extension, principalement en Hollande et en Angleterre. Dans ce dernier pays, Henri II, en 1172, défend, par un décret, que la laine d'Espagne soit mêlée à la laine anglaise ; en 1186, le même roi ordonna que toute étoffe fabriquée en Angleterre avec la laine espagnole ou dans laquelle cette laine entrera, soit brûlée en place publique. L'Angleterre craignait donc alors que l'usage de la laine d'Espagne n'avilît sa propre laine.

Cependant, quelques auteurs ont supposé que les Mérinos d'Espagne tirent leur origine d'Angleterre. Après l'étude qui précède, une semblable opinion doit étonner; nous allons voir sur quels faits elle repose.

Plusieurs fois nous trouvons, mentionnés dans l'histoire, des envois de bélier et de laine d'Angleterre en Espagne. Ainsi Alphonse XI, roi de Léon et Castille, fait venir des bêtes à laine anglaises, à une époque qui n'est pas précisée, mais qui précède l'année 1350, date de la mort de ce prince. En 1464, Édouard IV d'Angleterre accorde des béliers de race Cotswold à Henri IV de Castille, et, en 1468, il envoie des béliers de même race à Jean II d'Aragon. Quelques années auparavant, en 1437, Édouard de Portugal obtient de Henri VI d'Angleterre, soixante sacs de laine Cotswold, qu'il destine à la fabrication de certaines étoffes pour son propre usage. Des registres conservés à Barcelone attestent qu'en 1446, des marchands de la ville envoyèrent des ordres à leurs agents de Londres pour l'achat de quatre cents quintaux de laine, qui devaient être convertis en étoffes, pour être réexportés sous cette forme en Angleterre.

On remarquera que, toutes les fois que la race des béliers où la nature des laines est indiquée, on trouve le nom de Cotswold comme épithète. Or, les moutons Cotswold, s'ils n'étaient pas arrivés au degré de perfection qu'ils ont atteint aujourd'hui, donnaient de la laine longue, et je n'ai pas besoin d'en dire davantage pour faire comprendre qu'ils ne sauraient être les ancêtres des Mérinos.

Si l'on observe, en outre, que les fabriques d'Espagne de cette époque avaient une grande activité ; qu'elles produisaient beaucoup d'étoffes rares, principalement des serges pour lesquelles les races locales à la laine de peigne pouvaient ne pas suffire ; que, pour entretenir leur activité, elles achetaient des laines à l'étranger, surtout aux marchands flamands qui tiraient beaucoup de laines de l'Angleterre, quand celle-ci jouissait des intermittences de libre exportation concédées par le caprice des souverains ; on admettra aisément que toutes les preuves se réunissent pour assimiler les animaux et les laines dont l'histoire n'indique pas l'origine, à ceux[1] dont l'origine est donnée d'une manière précise. Je m'étonne qu'on ait pu, un instant, chercher en Angleterre la souche des Mérinos.

Il est difficile aussi de comprendre dans quel but Pierre IV d'Aragon, au milieu du quatorzième siècle, et Ximénès, le ministre de Ferdinand le Catholique, au commencement du seizième, firent venir des béliers d'Afrique. On ne peut, à coup sûr, rattacher par un lien quelconque l'introduction de ces béliers en Espagne à la formation de la race mérine ; peut-être est-ce là tout simplement un indice de la bonne opinion dans laquelle on tenait, par tradition, certaines races ovines des côtes de l'Afrique septentrionale.

Toutes ces tentatives, plus ou moins sérieuses, destinées plus ou moins à être suivies avec persévérance, indiquent chez les princes chrétiens une certaine préoccupation des intérêts agricoles et manufacturiers de l'Espagne, le désir de recueillir la succession des Maures. Mais Ferdinand le Catholique et ses successeurs, maîtres souverains de tous les pays, semblent avoir pris à tâche de ruiner à la fois et les Maures et l'Espagne.

Ferdinand expulsa les Maures et les Juifs, l'industrie et le commerce du royaume. Cent mille Maures partirent ; six mille Juifs furent brûlés.

Philippe II suivit les mêmes errements, et, pendant qu'il ruinait l'Espagne en Espagne même, les persécutions du duc d'Albe la ruinaient dans les Pays-Bas. Les fabriques de drap qui avaient survécu furent éteintes ; Tolède avait alors dix mille ouvriers encore ; elle avait eu deux cent mille habitants sous les Maures ; elle en a aujourd'hui quinze mille environ.

La même politique aveugle inspira Philippe III ; plus d'un million d'hommes, la plupart tisserands, les restes des familles maures qui avaient espéré échapper à l'exil en embrassant le christianisme, furent obligés de quitter l'Espagne ; avec eux s'en allaient les derniers industriels du pays où ils laissaient un vide que ne pouvaient combler l'or et l'argent de l'Amérique et des Indes. Beaucoup de ces bannis furent accueillis par les étrangers, en France par exemple, où ils établirent des fabriques de drap, notamment à Carcassonne. La population ovine de l'Espagne, qui s'élevait alors à sept millions de têtes, tomba à deux millions et demi, sous Philippe IV. L'Espagne se fit peut-être plus catholique ; je ne sais si elle devint plus chrétienne ; elle fut certainement moins florissante et moins riche. Elle n'a pas encore retrouvé l'ère de sa prospérité perdue. J'ai dit à quel chiffre incroyable s'élevait sa population sous les Maures ; sous Ferdinand elle comptait encore vingt millions d'habitants ; elle en a quatorze millions aujourd'hui, après plus de trois siècles durant lesquels la population, comme l'industrie, comme l'agriculture, comme le commerce, a progressé dans tous les autres pays de l'Europe.

Dorénavant l'Espagne n'exportera plus que des laines, jusqu'au jour où lui sera ravie sa précieuse race par les peuples qui se feront, à ses dépens, producteurs et fabricants. Si cette race elle-même s'est soutenue, c'est par l'observation routinière des pratiques qui l'avaient perfectionnée ; mais elle ne devint l'occasion ni d'efforts ni de succès industriels en Espagne. L'exportation des laines s'augmenta ; mais l'importation des étoffes s'accrut aussi. Et cette situation n'était pas la conséquence d'un grand parti pris industriel, par lequel l'Espagne se serait fait pays producteur, aurait spécialisé entre ses mains la vente des laines fines ; comme je viens de le dire, elle n'était malheureusement que le fruit nécessaire de la routine et de l'immobilité dans de funestes errements.

C'est au dix-huitième siècle que les Mérinos sortirent d'Espagne pour aller enrichir l'agriculture et les fabriques étrangères. Vers la fin de ce siècle, en 1796, on évaluait la population mérine de l'Espagne à cinq millions de têtes, et l'exportation des laines à cinq millions et demi de kilogrammes. En portant le rendement par tête en laine lavée à 1 kilogramme 200 grammes, comme nous l'avons précédemment établi, la quantité totale de laine mérine produite annuellement s'élevait à six millions de kilogrammes ; on voit donc que la presque totalité de cette laine sortait d'Espagne pour alimenter les fabriques d'Angleterre, de Hollande, de France, d'Allemagne et d'Italie.

Je voudrais pouvoir établir quel profit l'éleveur des Mérinos recueillait alors en Espagne ; mais je manque de données précises sur ce point et je ne regarde pas comme fondés les calculs par lesquels on a réduit le bénéfice net à 1 franc par tête ovine. A cette époque, le prix des brebis et des béliers Mérinos était d'environ 20 francs par tête ; la laine valait en général, suivant la finesse, de 4 à 6 francs le kilogramme, en suint, ce qui équivaut à 10 ou 15 francs le kilogramme lavé. D'après le rendement moyen des Mérinos, chaque tête fournissait donc pour 18 à 19 francs de laine par an. Avec le mode d'élevage adopté en Espagne, et malgré les droits élevés qui frappaient les laines à l'exportation, il est difficile d'admettre qu'il ne restât à l'éleveur que 1 franc de bénéfice net, même en ne prenant en considération que la valeur de la toison seule. Nous verrons que le gain fut plus grand pour les peuples qui introduisirent les Mérinos chez eux.

Quoi qu'il en soit, la faveur que les Mérinos trouvaient au dehors, les défrichements qui ont été opérés sur quelques points, la destruction d'anciens pâturages sur quelques autres, ont donné une plus grande valeur aux pâturages restants, et le prix de location s'en est élevé au préjudice des propriétaires de troupeaux. Bientôt, les nations rivales qui s'étaient approprié la race mérine firent une concurrence funeste à l'Espagne, et à toutes ces causes de dépréciation vinrent s'ajouter plus tard les malheurs de la guerre, plus récemment les malheurs des guerres civiles. Le résultat fut une diminution dans la quantité, un abaissement dans la qualité des Mérinos espagnols. Aujourd'hui le nombre est redevenu à peu près ce qu'il était avant les longues dissensions qui ont dernièrement agité l'Espagne : j'ai constaté qu'il était porté à dix millions sur une population ovine totale un peu plus que double. Mais la qualité est bien dépassée par tout ce que les autres pays, et surtout l'Allemagne, produisent en laine mérine. Les laines d'Espagne dégénèrent et s'abâtardissent.

Quelques propriétaires, la Couronne surtout et le domaine royal, tentent de ressusciter la belle race du pays ; on songe à créer l'enseignement agricole, on essaye des croisements, on va jusqu'à emprunter des reproducteurs aux races étrangères. Réussira-t-on ? J'ai montré ce qui paraît manquer à l'Espagne ; l'initiative des grands propriétaires, si elle est sérieuse et persévérante, est cependant ce qui pourrait arriver de plus heureux à ce pays, dans l'état actuel des choses.

Naturellement et logiquement, la fabrication languit comme la production agricole ; après un moment d'élan, elle est encore arrêtée par des obstacles de tarifs. Les produits de l'industrie lainière de l'Espagne n'ont ni grande finesse ni grande beauté ; ils s'adressent aux dernières classes des consommateurs les moins exigeants.

On considère les provinces d'Estramadure et de Léon comme possédant les troupeaux les plus nombreux et les laines les plus fines; les Castilles, qui prennent rang ensuite, ne donnent que des laines de finesse moyenne ; l'Aragon et la Navarre produisent beaucoup, mais en qualité inférieure et commune.

J'ai terminé l'histoire du Mérinos en Espagne. Je me suis attaché à faire connaître l'origine, la formation, le développement de cette race, au milieu des conditions climatériques et politiques du pays. J'ai essayé de rendre évidente la solidarité d'intérêts qui unit toujours l'agriculture et l'industrie, la nécessité de les connaître l'une et l'autre pour les féconder l'une par l'autre. En étudiant les moutons espagnols dans ces détails, j'ai voulu aussi poser nettement l'état de la production dans cette partie de l'Europe ; nous verrons plus tard quelles conséquences peuvent en résulter pour la France.

Désormais c'est hors d'Espagne qu'il faut suivre la

race mérine pour en compléter l'histoire. Le tableau de ses migrations et de ses perfectionnements mis en regard du tableau de son exportation agricole et industrielle pour les peuples qui l'ont adoptée, nous fournira de nouveaux enseignements dont nous ferons l'application à notre pays.

III

Introduction des Mérinos en France.

Bien que la France ne soit pas le premier pays où les Mérinos ont été importés d'Espagne, c'est en France que je suivrai d'abord la race mérine. Ces études ayant pour but l'organisation de la production zootechnique chez nous, il nous faut connaître avant tout la marche, l'état, les tendances de notre agriculture et de notre industrie, afin de rapporter ensuite tout à nous et d'apprécier, par comparaison, le rôle que nous sommes appelés à jouer dans la création bien ordonnée des produits animaux.

Pour expliquer comment les Mérinos ont été appelés dans notre pays, comment ils s'y sont introduits et développés, je vais donc montrer dans quelle situation se trouvait la France aux époques antérieures pour l'élevage des moutons et la fabrication des étoffes, résumer rapidement, en deux tableaux parallèles, l'histoire de nos races ovines et celle de notre industrie lainière.

En laissant de côté toutes les particularités dont il a été précédemment question, sur la caractéristique, la valeur et l'élevage de chacune de nos races ovines, je me contenterai d'indiquer comment elles se peuvent grouper quant à leurs qualités générales et à leur répartition sur notre territoire, avant l'introduction des Mérinos.

Je partage nos races ovines de cette époque en deux grandes catégories, qu'on peut distinguer par les noms de *septentrionale* et de *méridionale*, eu égard à leur situation respective par rapport à une même limite. Cette limite serait une ligne imaginaire qui s'appuierait sur le cours de la Loire et se prolongerait jusqu'au Jura, à la latitude de Tours et d'Angers, puis descendrait obliquement de cette dernière ville, à travers le Poitou, jusqu'à la Gironde.

Les races de la partie *septentrionale* occupaient l'espace qui s'étendait de cette ligne au littoral de l'Océan et de la Manche, depuis l'embouchure de la Gironde jusqu'à nos frontières belges, et, d'une manière plus générale, jusqu'au Rhin.

Les races de la partie *méridionale* se répandaient sur le reste de notre territoire, depuis notre ligne limite, jusqu'au golfe de Gascogne, jusqu'aux Pyrénées, jusqu'à la Méditerranée, jusqu'aux Alpes.

Ces deux grandes surfaces n'étaient pas tout à fait égales entre elles : la partie méridionale dépassait un peu la partie septentrionale, qui ne contenait que les quarante-cinq centièmes de la superficie totale de la France actuelle.

La zone septentrionale s'avance ainsi jusqu'aux derniers gradins du plateau central de la France, le contourne, et correspond assez exactement à nos régions agricoles de l'Ouest, du Nord-Ouest et du Nord-Est.

C'est là que se sont formées nos grandes races chevalines, et nos races bovines laitières. Sous l'influence des mêmes causes naturelles, des résultats identiques devaient se produire pour les moutons ; c'est donc là aussi que se rencontraient nos races ovines les plus grandes, qui donnaient, par conséquent, une laine longue et lisse.

Malgré cette communauté de caractères généraux, la taille des animaux, la longueur et la finesse du brin de laine n'étaient pas partout les mêmes dans cette grande zone septentrionale ; elles variaient évidemment avec les conditions extérieures, avec l'abondance et la qualité des pâturages.

Les races les plus fortes, les plus lourdes, celles qui fournissaient la laine la plus longue étaient nécessairement celles qui occupaient le littoral, région plus basse, humide et tempérée, dont le climat plus uniforme maintient la végétation durant toutes les saisons de l'année. Les races Flamande, Artésienne, Picarde, Cauchoise, Normande, du Maine et des côtes du Bas-Poitou, offraient le mieux accusés les traits saillants des bêtes à laine de cette zone.

A mesure qu'on s'éloignait des portions maritimes, des provinces d'où ces races tiraient leurs noms, à mesure qu'on passait du climat marin au climat continental, de la région des pâturages permanents à celle où les ressources des prairies naturelles faisaient plus ou moins défaut en hiver et en été, les dimensions des animaux diminuaient, la laine s'accourcissait et s'affinait.

C'est ainsi qu'en descendant des côtes de la Normandie au Maine, et du Maine à la Bretagne, on arrivait aux races plus pauvres du centre de la presqu'île armoricaine, et de là aux parties élevées du Poitou, qui nourrissaient des races plus petites que celles des marais de la Vendée et de la Saintonge.

C'est ainsi encore que les laines de Picardie, plus communes sur les côtes, s'affinaient en tirant vers le sud-est, dans le Santerre, par exemple, dont le chef-lieu était Péronne, et plus bas dans le Soissonnais, au voisinage de la Champagne et de la Brie, dans cette dernière contrée et dans la Beauce. Le pays plus maigre, à mesure qu'on s'approchait des Ardennes, rendait les races plus chétives, raccourcissait la laine, qui reprenait de la longueur dans les plaines d'au delà des montagnes.

La laine gardait aussi plus de longueur dans les bons cantons de la Lorraine, surtout dans les plaines de l'Alsace, et sur les deux rives du Rhin. Les races de la Bourgogne ; celles de l'Auxois en particulier et des pays voisins établissaient une sorte de transition entre la zone septentrionale et la portion de la zone méridionale qui touchait à la ligne limite que je viens de tracer à travers la France.

Le rendement en viande variait aussi avec toutes les

conditions d'alimentation qui influaient sur le développement des animaux et la nature de leur laine; il était de 30 kilogrammes, en moyenne, pour les plus grandes races du littoral, dont le poids de tonte s'élevait à 2 ou 3 kilogrammes.

Sous les différences locales, un trait particulier persévérait cependant assez dans toute notre zone septentrionale pour qu'on pût en faire la caractéristique commune des moutons de cette partie de la France: la région des races à laine longue.

Si l'on y trouvait sur quelques points des laines cardées, elles étaient toujours plus longues, plus lisses, moins feutrantes que celles de l'autre zone, ne servaient guère qu'en chaîne, ou même formaient le déchet des laines de peigne et ne pouvaient entrer que dans la confection des tissus drapés de la dernière des qualités communes.

Par opposition, la zone méridionale peut s'appeler la région des races à laine courte, et se caractériser d'une manière générale par la petite taille des races, leur laine frisée, un rendement de 12 à 15 kilogrammes d'une viande ordinairement excellente, un poids de tonte atteignant un kilogramme, ou s'élevant peu au-dessus.

Si la laine y était peignée dans quelques contrées, elle était toujours plus courte, plus ondulée que celle du Nord, et ne donnait qu'une faible proportion de parties propres aux étoffes lisses et roses.

La race Roussillonnaise se plaçait à la tête de ces

moutons à laine fine ; elle personnifiait la perfection des laines indigènes les plus renommées pour la draperie, de même que la race Flamande exprimait au plus haut degré les qualités des laines propres au peigne. Les deux races qui représentaient le mieux les deux types de nos deux zones se trouvaient ainsi aux deux limites méridionale et septentrionale, les plus éloignées de la France, opposées aux extrémités d'un même méridien, l'une aux Pyrénées-Orientales, l'autre au Nord.

Les causes naturelles, sol, climat, nourriture, sous l'influence desquelles ces races ont pris naissance, sont aussi opposées que leurs stations, et expliquent l'opposition de leurs caractères. Nous retrouvons toujours la justification des principes généraux que j'ai posés ailleurs, comme dominant la formation des races.

La race du Roussillon s'élevait dans un pays longtemps soumis à l'Espagne, il avait vraisemblablement une origine espagnole. Les conditions générales d'habitat et de pâturages étaient, pour cette race, analogues à celles que les Mérinos trouvaient dans leur patrie ; mais il avait manqué aux bêtes à laine du Roussillon les soins d'éleveurs intelligents. La laine de ces moutons était courte de mèche, fine, tassée, souvent de couleur foncée ; la toison, moins chargée de matières grasses que la toison mérine, pesait un kilogramme et demi à deux kilogrammes en suint. Jusqu'au commencement du dix-huitième siècle, certains troupeaux du Roussillon jouissaient en France d'une réputation plus grande que celle des Mérinos. C'est à cette race qu'ont été souvent empruntés des béliers, pour améliorer les laines de nos moutons indigènes avant la vogue de la race mérine.

Cette race se répandait dans les provinces voisines, dans la plaine de Narbonne, dans la plus grande partie du bas Languedoc. Peut-être y pourrait-on rattacher, par une origine analogue, les moutons du Bigorre, autrefois si nombreux.

Plus petits dans la circonscription de Montpellier que dans celle de Béziers et d'Agde, les moutons prenaient une taille intermédiaire dans celle de Lodève, et trahissaient ainsi les influences de milieux divers. Je n'ai pas besoin d'insister beaucoup maintenant pour prouver que les lois physiologiques ont leur fatalité au sud comme au nord.

La Provence nourrissait des races donnant une laine fine, renommée dans quelques-uns des crus de la Camargue et de la Crau, où les troupeaux abondaient. Ces races, comme la race du Roussillon, comme celles des pays voisins des Pyrénées et des Alpes, étaient et sont encore soumises à la transhumanie, à la manière des moutons espagnols. Elles voyagent de la plaine à la montagne par la belle saison, et de la montagne à la plaine par la saison mauvaise.

Décimées presque périodiquement par la maladie, ces races méridionales furent remplacées sur quelques points par des bêtes à laine tirées des côtes barbaresques, et qui se sont montrées robustes, prolifiques, bonnes nourrices. La laine de ces bêtes barbarines est propre à la carde, mais n'est pas aussi fine que celle des moutons de nos anciennes races locales ; par une suite nécessaire, leur toison est plus pesante.

Les races Berrichonne et Solognote, un peu plus petites que les précédentes, possédaient une laine assez fine, qui, prenant une qualité supérieure, était plus tassée et plus feutrante chez la race Berrichonne, celle qui se rapprochait le plus de la race du Roussillon.

A une assez grande distance de ces races pour la qualité de la toison, se plaçaient les moutons du Centre, Auvergne, Limousin, Marche ; puis, tous ceux qui s'élevaient sur cette grande bande de terres pauvres, de brandes et de bruyères qui, de nos départements du Cher et de l'Indre, s'étend vers la Bretagne. Des différences, liées aux conditions extérieures comme des effets à leurs causes, se manifestaient naturellement dans la taille comme dans la toison de ces races. Ainsi les moutons étaient meilleurs dans les pays calcaires que sur les sols primitifs, sur les petits plateaux jurassiques des Causses, du Quercy, du haut Poitou, de l'Angoumois, que sur les plateaux granitiques du Cantal. J'ai signalé précédemment l'influence de ces stations diverses sur les races bovines ; elle s'est évidemment produite dans un même sens sur les races de moutons.

Si l'on considère que les races de notre zone méridionale habitaient les parties les plus élevées, les plus sèches ou les moins riches de notre pays, celles où les pâturages ne sont ni les plus constants, ni les plus abondants, ni les plus aqueux, on ne s'étonnera donc pas de leur voir produire la nature de laine qui leur est propre, et prendre le faible développement que j'ai indiqué plus haut comme caractéristique générale du groupe.

Aux deux grandes catégories si distinctes, dont je viens d'esquisser les traits généraux, si j'ajoute comme appendice la race du Larzac, exploitée particulièrement pour ses qualités laitières, dans nos départements traversés par les Cévennes, de l'Aude au Rhône, j'aurai complété le coup d'œil d'ensemble que je voulais jeter sur notre population ovine. Pour les détails, je renvoie mes lecteurs à leurs souvenirs.

Cette répartition des races ovines sur notre territoire se rapporte à la période *naturelle* de leur histoire, celle durant laquelle les forces de la nature agissaient seules sur les animaux, sans que l'homme intervînt pour les diriger.

Avec l'introduction des Mérinos commence la période *industrielle*, où l'homme choisit son but et y subordonne tous ses efforts. J'ai indiqué cette division dans nos études antérieures sur les races chevalines et bovines ; elle s'applique aussi aux races de moutons.

Quelles ressources offraient nos races indigènes à la fabrication lainière durant la première période ? Pour répondre à cette question, il nous faut résumer le tableau de l'état des manufactures d'étoffes de nos laines, à la même époque ; nous pourrons alors comprendre les rap-

7.

ports de notre industrie avec notre agriculture, et expliquer les causes qui ont appelé les Mérinos chez nous.

Pour notre industrie, comme pour toutes les parties de notre histoire nationale, les premiers documents que nous possédons ne remontent qu'aux Romains ; auparavant tout nous manque, même les fables.

Sous les empereurs, les laines des Gaules étaient assez estimées, au dire de Columelle. Elles servaient à la fabrication domestique de diverses étoffes, parmi lesquelles on en cite à raies blanches et bleues, employées pour les braies, vêtement dont le nom et l'usage se sont conservés en Bretagne. D'autres à raies et à carreaux, rappelant par leur disposition les étoffes écossaises, étaient destinées aux saies, ou manteaux militaires.

Arras s'était fait une réputation pour ses étoffes rouges, imitant la pourpre de l'Orient ; Langres et Saintes, pour leurs tissus à longs poils ; Vienne, pour ses draps.

Selon Pline, les Gaulois excellaient dans la fabrication des tapis à couleurs et dessins mélangés, dans celle des tissus tricotés ; ils avaient aussi imaginé les matelas bourrés de laines, et Cahors pourrait revendiquer l'invention des couvertures.

Quelle que soit la valeur de ces témoignages, au point de vue de la vérité absolue, ils attestent au moins que la laine était, dans les Gaules, appliquée aux fabrications diverses qui sont devenues depuis des industries distinctes dans la grande industrie lainière.

Ces traditions étaient depuis longtemps oubliées, ou n'avaient été continuées et suivies que dans les abbayes, quand les croisades d'abord, puis la prise de Constantinople firent pour l'Europe ce que la conquête arabe avait fait pour l'Espagne. Les sciences ramenées de l'Orient furent accueillies comme de récentes découvertes, et une véritable renaissance de l'industrie fut contemporaine de celle des lettres et des arts. L'Italie d'abord profita des connaissances nouvelles; les Pays-Bas, qui les empruntèrent à l'Italie, surent bientôt s'en servir pour prendre en Europe le premier rang dans les manufactures et le commerce, puis dans l'agriculture. L'Angleterre suivit les traces des Pays-Bas, et devança bien vite les tisserands de la Flandre, dont elle devait aussi dépasser les cultivateurs.

Pour les étoffes de laine que le travail en famille ou le petit nombre d'ateliers ne produisait pas, c'est-à-dire pour une très-grande partie de la consommation, la France devint ainsi tributaire de l'Espagne, des Pays-Bas, de l'Angleterre.

Cependant, aux treizième et quatorzième siècles, certaines fabriques commencent à naître ; elles se cantonnent à peu près comme nous les trouvons encore aujourd'hui et jettent les bases de leur réputation future. Amiens, Beauvais, Lille et Reims, produisent déjà des lainages recherchés, qui peuvent être offerts en présent à Charles de Luxembourg, ou donnés en rançon à Bajazet.

Au quinzième siècle, les Flamands apportent

Amiens leur expérience dans le tissage des étoffes rases en pure laine ou mélangées ; des filatures s'établissent, pour ce genre de fabrication, dans nos provinces du Nord. D'heureux résultats sont obtenus, de magnifiques étoffes purent être présentées à Charles VII, et au seizième siècle le commerce d'exportation peut se faire avec avantage. Des tissus qui firent longtemps la spécialité de nos villes du Nord commencent alors à se localiser ; Amiens, par exemple, fabrique ses serges et ses camelots.

Malheureusement, les guerres civiles et religieuses auxquelles la France était en proie arrêtaient l'essor des manufactures. Ce ne fut guère qu'au dix-septième siècle, après la victoire de Henri IV, que la fabrication des étoffes de laine et celle des draps en particulier commença à se constituer en une véritable industrie. La confiance que le fameux édit de Nantes, rendu en 1598, inspira aux protestants devenus alors les industriels les plus habiles et les négociants les plus actifs de l'Europe ; l'exportation faite par eux, après des voyages aux Pays-Bas et en Allemagne, des procédés usités chez nos voisins plus avancés que nous, commencèrent le développement en grand de la fabrication lainière.

C'était aussi l'époque où les Maures, chassés d'Espagne par Philippe III, s'établissaient en partie dans le midi de la France, qui profitait de leurs utiles conseils. Je vous ai dit déjà qu'ils fondèrent plusieurs manufactures dans nos provinces méridionales.

Le mouvement industriel devait être secondé et soutenu par le mouvement agricole. Sully, qui se préoccupait plus particulièrement des progrès de l'agriculture, c'est-à-dire de la production des matières premières, contribua puissamment au développement de l'industrie des laines en favorisant la multiplication des bestiaux. On dit qu'il introduisit quelques animaux de races ovines supérieures aux nôtres ; je ne sais ce qu'il faut penser de cette assertion. Mais ce qui est certain, c'est qu'il servit à la fois les intérêts industriels et agricoles en augmentant les voies de communication, en ouvrant de nombreux débouchés aux produits du sol qui s'accroissaient ainsi et s'amélioraient.

La mort de Henri IV, le règne de Richelieu, la défaite des protestants, les guerres de la Fronde ne furent favorables ni au développement de l'industrie lainière, ni aux progrès de l'agriculture.

Colbert reprit l'œuvre de Sully, mais sous une autre forme : il se préoccupa davantage de l'industrie manufacturière, c'est-à-dire de la mise en œuvre des matières premières.

En 1646, Nicolas Cadeau avait fondé à Sedan la fabrique de draps fins, façon de Hollande, qui a rendu cette ville célèbre. En 1665, Colbert appelait de Hollande l'illustre Gosse Van Robais, et l'installait à Abbeville en lui conférant d'immenses priviléges, afin, disent les lettres patentes, qu'il y fabriquât des draps fins, façon d'Espagne et de Hollande.

Quelques années plus tard, vers 1681, s'élevait la manufacture de Louviers à laquelle des priviléges étaient aussi accordés pour une fabrication analogue. Elbœuf rivalisa bientôt avec sa voisine. Puis des fabriques s'établirent à Paris, à Lyon, à Amiens, à Tours, à Vienne, en Beaujolais, en Languedoc.

En n'envisageant que l'emploi des laines nationales, les deux divisions que nous avons reconnues dans la répartition de nos races ovines se produisaient dans la distribution de nos fabriques.

La ligne limite que j'ai tracée entre les deux grands groupes de moutons à laine longue et de moutons à laine courte, séparait aussi les deux grandes branches de l'industrie lainière : dans la zone septentrionale, les étoffes rases ; dans la zone méridionale, les étoffes drapées. On comprend aisément qu'il en devait être ainsi, et que l'industrie employant d'abord ce qu'elle trouvait sous sa main, se soit localisée comme les races et avec elles.

A la tête des provinces septentrionales adonnées à la fabrication des étoffes rases, se plaçait la Picardie, avec Amiens pour centre. La Flandre, la Champagne, le Maine se classaient ensuite.

La Picardie prenait le premier rang par le nombre des genres, la variété des espèces, la qualité des étoffes qu'elle produisait. Les camelots, les bouracans, les serges, les étamines sortaient en profusion de ses ateliers ; elle avait monopolisé la fabrication des étoffes veloutées, des pannes, des peluches, des moquettes, dans lesquelles la laine constituait le tissu tout entier, ou s'associait à d'autres matières premières.

C'est aussi en Picardie, particulièrement dans le Santerre, correspondant aux arrondissements actuels de Péronne et de Montdidier, que les progrès de nos manufactures furent le plus considérables. Ces progrès portaient essentiellement sur de plus grandes variétés dans les couleurs, sur des combinaisons capricieuses, en un mot, sur des détails de fantaisie et de goût qui donnaient déjà à nos tissus le cachet qui constitue encore aujourd'hui leur supériorité. Ils ne touchaient pas d'une manière sensible aux procédés mêmes de fabrication. Le résultat commercial le plus important qu'ils obtenaient, c'était de nous permettre de lutter assez bien avec les pays voisins pour les draps, façon d'Espagne, de Hollande ou d'Angleterre, car la production des draps fins était alors celle qu'on provoquait presque exclusivement et qu'on patronait.

La révocation de l'édit de Nantes, en 1685, deux ans après la mort de Colbert, fut fatale à notre industrie lainière, comme à tant d'autres. Cinquante mille personnes avec leurs familles émigrèrent en Angleterre ; un grand nombre de bannis passèrent en Allemagne et en Suisse. Ils portaient aux étrangers l'industrie de la soie et leur habileté dans la fabrication des lainages ; ils enlevaient à la France une portion de sa population intelligente et active.

Dans leurs évolutions successives à travers cette longue période dont je ne puis rappeler que les principales dates, nos manufactures avaient pris, pour le choix et la mise en œuvre de la matière première, certaines habitudes commandées par le milieu dans lequel elles s'étaient développées. Ces habitudes indiquent comment notre production ovine s'était mise en harmonie avec les besoins de notre industrie en progrès. Quelques mots sur l'emploi des laines dans nos principaux centres de travail vont donc nous permettre de caractériser cette situation relative de nos troupeaux et de nos fabriques, au dix-huitième siècle, au moment où les Mérinos vont être introduits chez nous.

La bonneterie d'*estame*, c'est-à-dire la bonneterie qui emploie les laines longues et lisses, avait son principal foyer d'activité en Picardie. Les rubans de laine formaient aussi un des objets principaux de son commerce. Les laines locales et celles des provinces voisines fournissaient aux besoins de cette grande fabrication.

Pour ses serges, la Picardie empruntait aussi des laines à l'Alsace et à une partie de l'Allemagne où elle trouvait une matière analogue à la sienne, quant à la qualité et aux prix.

Pour la bonneterie, la Picardie ajoutait aux laines du Soissonnais, de la Flandre et de l'Artois, à celles du cru. Les laines plus communes des environs de Saint-Quentin étaient employées en partie pour les rubans.

Quand l'étoffe exigeait plus de finesse que les laines des provinces du Nord ne pouvaient en donner, la Picardie demandait à la Brie, à la Sologne, au Berry, les portions les plus longues de leurs toisons, laissant les parties plus courtes pour la carde. Pour les premières qualités, pour ces charmantes étoffes à chaîne de laine et trame de soie qu'on désignait sous le nom de *prunelle*, pour les étoffes dont la chaîne devait être fournie, qui voulaient être tissées fortement, comme les étoffes croisées et de fabrication compliquée, elle était forcée de s'adresser particulièrement à la Hollande qui leur vendait ses laines et surtout les laines anglaises, plus fines, plus lisses, plus longues, plus résistantes que les nôtres, susceptibles aussi d'un meilleur peignage.

La Flandre prenait place après la Picardie ; le tissage y avait une importance comparable, la filature prenait une importance plus grande encore. Les camelots de Lille, les calemandes diverses dont Roubaix était l'atelier principal, caractérisaient principalement la fabrication flamande. Les laines de la province, dont les cantons de choix étaient les environs de Lille et d'Armentières, servaient pour les tissus les moins distingués.

C'était encore de la Hollande et de l'Angleterre qu'il fallait tirer la matière première pour les calemandes de première qualité, si estimées dans la Flandre, pour celles qui devaient recevoir des couleurs claires et fines ; nos laines du Nord plus jaunes et inférieures ne se prêtaient pas à une fabrication aussi parfaite. Le Brabant, le Hainaut, le pays de Liége, les contrées voisines de la Meuse et du Rhin, tous ces pays qui continuent notre climat et notre sol au delà de nos frontières, fournissaient aussi leur contingent aux fabriques de la Flandre. Les filateurs de Turcoing associaient toutes ces laines, aussi bien que celles de la Picardie et de l'Artois, aux laines que vendait la Hollande, et on obtenait des filés de mille sortes diverses qui se répandaient dans tous les centres de tissage de la zone septentrionale.

La Champagne, tout en restant spécialement une grande fabrique d'étoffes rares, prenait cependant un caractère mixte, en raison de son rapprochement des pays où se rencontraient des laines plus courtes; le cordé s'unissait souvent au peigné dans son travail. Reims et Rhétel, Châlons et Suippes, Troyes et Vaucouleurs, produisaient des serges, des étamines, des burats, cent tissus variés pour lesquels s'employaient les laines de la Champagne, de la Bourgogne, de l'Auxois, de la Brie, du Berry, de la Sologne, de la Lorraine, des Ardennes. Chaumont, Nignorry fabriquaient à l'aiguille beaucoup de bonneterie foulée d'une grande solidité. Mais pour les voiles, qui n'étaient que des étamines fines, il fallait les plus belles laines de peigne de la Flandre, ou plutôt de la Hollande et de l'Angleterre; pour la trame des flanelles unies ou croisées, les laines d'Espagne étaient nécessaires. L'Allemagne, l'Italie, le Portugal même, complétaient souvent l'approvisionnement en matières premières qu'exigeait cette industrieuse province.

Pour les étamines du Mans, de Laval, de la Flèche, le Maine employait les laines de son territoire, et celles de pays voisins, principalement de la basse Normandie.

Le Cotentin tissait des serges connues sous le nom de serges de Saint-Lô; des fabriques analogues existaient à Alençon, à Orléans, dans le Poitou, et autres localités auxquelles les laines du cru n'offraient pas, d'ailleurs, matière à une production de quelque importance, ou de qualité au-dessus de la moyenne. La Normandie, en général, Caen avec ses environs surtout, était, après la Picardie, le pays où la bonneterie d'estame avait pris le plus de développement. La bonneterie drapée se produisait principalement à Orléans, à Chartres, dans toute la Beauce, une partie du Poitou et de la Bretagne.

Si la fabrication des étoffes rares caractérisait spécialement le travail des manufactures dans notre zone septentrionale, les étoffes drapées n'en étaient pourtant pas exclues. C'était là, tout au contraire, que s'obtenaient les draps les plus fins, dont les centres principaux de fabrication se classaient à peu près dans l'ordre suivant : les Gobelins, Sédan, Abbeville, Louviers, Elbeuf, Rouen et Darnetal. Mais ce n'était pas aux sources indigènes que s'alimentaient ces manufactures si importantes et si renommées ; les laines espagnoles étaient la condition indispensable de leur existence et de leur activité.

Ces grandes fabriques s'étaient implantées dans les provinces les plus peuplées et les plus riches du royaume, sans rien leur emprunter de leurs matières premières, et ne vivaient que de l'importation étrangère. Rouen et Darnetal, ainsi que quelques autres localités, formaient une sorte d'intermédiaire entre la draperie fine et la draperie commune, mêlant aux laines espagnoles les laines de choix du Berry, même les laines les plus courtes de la Normandie et de quelques autres crus.

La fabrication des étoffes drapées avec nos laines indigènes avait réellement son siége dans la zone méridionale. Châteauroux, Issoudun, Aubigny employaient les premières laines du Berry, et tenaient le premier rang pour la fabrication de ces draps à poils indociles, mais forts, et, pour ainsi dire, inusables, qui passaient de père en fils. Romorantin utilisait des laines moins fines. Certaines parties de la Touraine et du Poitou, le Dauphiné, le Languedoc, la Provence, la Guyenne, la Gascogne, le Béarn, tout le Midi, produisaient des draps ordinairement communs, ou des étoffes peu foulées et peu drapées, à chaîne peignée et trame cordée, pour lesquels s'employaient les laines des différentes provinces. Ces laines même ne suffisaient pas ; l'Italie fournissait des laines très-propres à la carde, comme la plupart de celles qu'on tirait encore du Levant et des côtes de Barbarie.

Pour leurs tissus drapés, de première qualité, nos fabriques du Midi employaient en chaîne les plus belles laines de Narbonne et du Roussillon, mais empruntaient la trame aux laines mérines. Pour les qualités inférieures, les laines du Roussillon, les meilleures laines locales, ou bien les laines italiennes, orientales, barbaresques, fournissaient la trame sur une chaîne commune. Pour les dernières qualités, tout était bon.

Plusieurs fabriques importantes de tapis avaient été successivement établies en France ; les Gobelins exigeaient les laines étrangères les plus choisies et les mieux assorties, Beauvais mêlait par moitié les laines d'Espagne et de Hollande. C'était là encore, dans la zone septentrionale, des fabriques où le travail était national, où la matière première venait du dehors.

Aubusson et Felletin, dont on reporte la naissance jusqu'à l'invasion des Sarrasins au commencement du huitième siècle, employaient les laines du pays, principalement celles de l'Auvergne et du Béarn, pour leurs ouvrages les plus communs; la Picardie leur fournissait la matière des tapis fins ; l'Angleterre et l'Espagne, celle des tapis et des étoffes d'ameublement de premier choix.

En résumé, on le voit assez clairement, si la fabrication était assez répandue sur presque tous les points de la France, nos laines indigènes, longues et courtes, étaient toutes de qualité inférieure, à l'exception presque unique des laines du Roussillon, qui pouvaient revendiquer, d'ailleurs, une certaine parenté avec les laines espagnoles, bien qu'elles leur fussent inférieures.

Au dix-huitième siècle, l'élevage ne fournissait que la moitié au plus des laines brutes qu'employait l'industrie; toutes les fois qu'on voulait obtenir un tissu de quelque valeur, il fallait en emprunter la matière première aux étrangers : à l'Espagne principalement pour les étoffes drapées, à l'Angleterre plus particulièrement pour les étoffes rares. La mise en œuvre de la matière première avait donc devancé la production; Colbert avait été plus heureux que Sully.

On a estimé à 24 ou 25 millions de francs la valeur des laines que la France tirait annuellement d'Espagne avant la Révolution, et à 2 millions 400 mille kilogrammes le poids total de cette laine importée. Le prix du kilogramme de laine lavée ressort ainsi à 10 francs, c'est à peu près le taux moyen auquel nous avons constaté précédemment que se vendait la laine espagnole sur le marché au dix-huitième siècle.

Mais, en 1796, l'exportation des laines d'Espagne diminua beaucoup en France ; elle descendit à 300000 kilogrammes environ. L'état de nos affaires publiques explique cette différence, qui ne peut encore être attribuée à d'heureuses améliorations obtenues dans l'exploitation des moutons.

Les laines anglaises furent importées en 1782, pour une valeur d'environ 300000 francs. Déjà les Anglais avaient réalisé de grandes améliorations dans leurs moyens de production, car le prix moyen de leur laine, supérieure à la nôtre en qualité, était de 1 franc 35 centimes le kilogramme, alors que la laine française se vendait 2 francs 60 centimes. Ils luttaient donc contre nous avec une différence de 50 pour 100 dans le prix de leurs laines ; leur concurrence continuait pour la vente des tissus qu'ils livraient à 20 pour 100 au-dessous des nôtres.

Pour juger de notre infériorité à cette époque, il faut se rappeler que nos plus belles étoffes n'étaient pas fabriquées avec nos laines.

Gilbert évaluait au plus à 1 kilogramme et demi en

suint le poids moyen des toisons de nos races naturelles, et le prix courant de la laine à 1 franc le kilogramme. Quelques toisons plus fines se vendaient plus cher, mais comme elles étaient plus rares et, par conséquent, moins pesantes, leur valeur totale ne dépassait pas celle des toisons plus communes. En supposant un rendement de 40 à 50 pour 100 au lavage, chaque toison fournissait 675 grammes de laine lavée qui, d'après le poids de laine en suint, aurait valu 2 francs 20 centimes le kilogramme. Si l'on fait entrer en compte les frais de lavage et les bénéfices des intermédiaires, on comprendra que le fabricant doit acheter sa laine 2 francs 60 centimes le kilogramme, comme je l'ai dit plus haut.

En combinant ces données avec le chiffre de notre population ovine qui était alors de 18 à 20 millions de têtes, on trouve que nos races indigènes donnaient 13 millions de kilogrammes de laine lavée, pour une valeur d'environ 34 millions de francs.

A cette époque, l'Angleterre possédait autant de moutons que la France, mais la quantité de laine qu'elle produisait montait à 43 millions de kilogrammes. Au prix de 1 franc 35 centimes qu'elles se vendaient, ces laines représentaient une valeur de 58 millions de francs. Le rendement moyen en laine lavée s'élevait ainsi, par tête ovine, à 2 kilogrammes 270 grammes en poids, et à 3 francs 6 centimes en valeur.

Avec un nombre de moutons égal à celui de la France, l'Angleterre obtenait donc plus de trois fois et demi plus de laine que nous, ce qui compensait bien, et au delà, le prix moitié moindre auquel elle livrait ses laines.

L'infériorité de nos laines, trop bien démontrée par les faits et les chiffres qui se rapportent à cette période, est encore mieux mise en évidence par le tableau dans lequel Rolland de la Platière classait, au dix-huitième siècle, les laines brutes de divers pays, d'après leur mérite relatif.

Ainsi, l'Espagne avait la préséance, qu'elle devait à ses laines mérines. La Hollande et l'Angleterre venaient ensuite pour leurs laines longues. La France n'occupait que le septième rang ; elle n'avait derrière elle que l'Italie et la Russie, les États barbaresques et la Turquie ; elle était presque la dernière des nations européennes.

Une pareille situation ne pouvait se prolonger sans dommage pour l'agriculture et pour l'industrie ; il était temps de songer à améliorer l'exploitation de l'espèce ovine. Mais dans quel sens cette amélioration devait-elle être dirigée ?

Je ne demande pas si l'on allait choisir entre la production de la viande et celle de la laine ; au dix-huitième siècle, les esprits n'étaient pas encore tournés chez nous vers la fabrication économique de la viande, et les éleveurs n'avaient pas attaqué encore la solution du problème par la création de races spéciales de boucherie.

L'Angleterre seule se préoccupait de la question ; elle pressentait déjà le succès ; mais son exemple n'était ni assez ancien ni assez connu pour qu'on songeât seulement à le suivre. L'état de notre agriculture n'était pas assez avancé, d'ailleurs, pour qu'on fût frappé d'un tel résultat, pour qu'on en comprît même la portée et qu'on s'y laissât séduire. Les moutons n'étaient alors chez nous que des bêtes à laine; leur toison seulement importait; de sorte que la question d'amélioration se posait uniquement entre les laines courtes et les laines longues.

Le caractère de la majorité de nos races, les ressources restreintes que trouvait le bétail dans la presque totalité des domaines, les tendances de l'industrie que le gouvernement avait surtout engagée dans la production des étoffes drapées, le rang des consommateurs presque exclusivement grands seigneurs ou riches bourgeois, le cachet de distinction et d'élégance que prenait déjà notre fabrication si lente à spéculer sur la consommation des masses, la quantité considérable de laines que nos manufactures tiraient annuellement d'Espagne, le succès de certains pays de l'Europe dans l'acclimatation du Mérinos, toutes ces raisons, jointes à celles qui réduisaient presque à rien l'importance du mouton comme producteur de viande, appelaient naturellement l'attention et les efforts sur les productions des laines courtes et fines dont la laine mérine était le type.

Quelques hommes, il est vrai, même parmi ceux qui travaillèrent le plus efficacement à l'adoption des Mérinos en France, Daubenton, entre autres, furent bien frappés de l'intérêt qu'il y aurait à s'occuper aussi de l'amélioration des laines longues ; ils comprenaient bien que ces laines et les laines courtes ne se pouvaient obtenir dans les mêmes pays, les mêmes conditions ; mais ils subordonnèrent leur sentiment à la préoccupation générale qu'ils partageaient d'ailleurs.

L'introduction et la diffusion des Mérinos en France amena cependant la production d'une certaine laine de peigne qui n'était pas dans les prévisions des premiers améliorateurs ; c'est là incontestablement un des résultats les plus intéressants de l'élève des Mérinos, et je le ferai connaître avec les autres, quand j'aurai tracé l'histoire sommaire de l'établissement des moutons espagnols dans notre pays.

On fait remonter jusqu'à Colbert l'idée première d'introduire les moutons Mérinos en France ; on dit même que ce ministre fit venir un petit troupeau espagnol et le plaça dans les montagnes. A quelle époque ? Dans quelles montagnes ? Avec quels résultats ? C'est ce qu'on ne dit pas. Il semble donc que le projet de Colbert, s'il a été réellement conçu, ne reçut pas d'exécution ou qu'il resta sans fruit.

On parle aussi de diverses tentatives faites par des particuliers, et demeurées sans succès parce que les animaux avaient été choisis dans des cavagnes sans réputation ; mais nous ne savons ni quels étaient les expérimentateurs, ni dans quelles localités ils opérèrent.

La première importation de Mérinos qui semble certaine est celle qu'aurait faite, en 1750, M. d'Étigny, intendant du Béarn. On assure que les béliers, tirés des troupeaux transhumants d'Espagne, furent très-heureusement employés à l'amélioration de la race Roussillonnaise.

Presque en même temps, en 1752, M. de Perce mit dans le parc de Chambord un petit troupeau Mérinos qu'il allia avec des races indigènes, et sut attirer l'attention publique sur l'importance qu'il y aurait à doter le pays des moutons espagnols.

Vers la même époque encore, M. de la Tour-d'Aigues, premier président au parlement d'Aix, essaya des croisements avec quelques races étrangères. Il n'obtint rien d'abord avec le bélier d'Afrique, puis chercha à plusieurs reprises à se procurer des Mérinos. Trompé par un premier et par un second envoi qui ne lui apportèrent que des animaux des races communes d'Espagne, il put enfin, en 1757, recevoir douze brebis et deux béliers des meilleures cavagnes. Ce petit troupeau, bien soigné par le propriétaire, donna des laines qui furent bientôt en réputation. On ne sait si M. de la Tour-d'Aigues trouva des imitateurs, et si son importation eut quelque influence utile sur les nombreux troupeaux de la Provence.

Ces essais privés n'avaient, en définitive, que peu d'effet, et ne marchaient ni sûrement ni rapidement au but qu'il était important d'atteindre. Le gouvernement intervint et reprit les traditions de Colbert.

Les difficultés qu'on éprouvait pour obtenir des Mérinos pouvaient augmenter; il était à craindre que l'Espagne, si ses manufactures se réveillaient, fermât ses portes à la sortie des laines et que notre industrie, comme notre élevage, souffrissent, par suite, un grand préjudice ; il était désirable, en tout cas, de s'affranchir du tribut élevé qu'on payait annuellement à l'étranger. Cette situation émut Trudaine, intendant des finances sous Louis XV, et qui avait le commerce dans ses attributions ; il voulut savoir, d'après des faits précis, s'il serait possible d'amener nos laines à un degré d'amélioration tel qu'elles pussent remplacer les laines espagnoles. L'expérience scientifique pouvait seule répondre. Trudaine, dont le projet prouvait une grande sollicitude pour les intérêts qui lui étaient confiés, montra aussi un esprit singulièrement juste et pratique, en demandant à la science une étude préalable et complète du problème si complexe qu'il entreprenait de résoudre. Il s'adressa à Daubenton, collaborateur zélé de Buffon, plus tard professeur au Jardin du Roi, et que ses travaux antérieurs sur les races domestiques avaient préparé à de semblables recherches. L'administrateur fournit au savant tout ce qui était nécessaire pour le succès de l'entreprise.

C'est ainsi que Daubenton commença, en 1767, les expériences qui devaient mettre hors de doute la possibilité d'améliorer nos laines, indiquer la voie à suivre, servir de base à toutes les tentatives ultérieures, stimuler l'action du gouvernement et soutenir le bon vouloir des améliorateurs.

Les principaux résultats de ces expériences ne s'appliquent pas seulement à l'emploi des Mérinos ; ils touchent à la question générale de l'amélioration des races, et je trouve qu'on les a trop peu étudiés.

C'est à Montbard, dans la partie de la Bourgogne qu'on désignait sous le nom d'Auxois, que Daubenton installa ses expériences. Le canton était un peu montueux, le sol sec et maigre, l'herbe rare et délicate, le parcours favorable à l'élevage des moutons à laine fine; j'ai déjà observé que les animaux furent constamment tenus en plein air, et j'ai précédemment cherché à apprécier l'influence que cette circonstance peut avoir sur les toisons.

Six races différentes furent d'abord réunies à Montbard : la race locale de l'Auxois, et celles que le gouvernement fit successivement venir du Roussillon, de la Flandre, de l'Angleterre, du Maroc, du Thibet. Ce ne fut qu'en 1776, que Daubenton reçut des béliers et des brebis d'Espagne. Pendant neuf ans, la race mérine resta donc étrangère aux expériences de Montbard.

Ces expériences comprirent deux opérations parallèles : d'une part, Daubenton conserva chacune de ses races pure de tout mélange, pour voir ce qu'elles deviendraient entre ses mains; et, d'autre part, il allia toutes les races entre elles, pour connaître jusqu'à quel point elles se modifieraient mutuellement, dans leurs produits métis, quant à la qualité de leurs laines.

Pour déterminer rigoureusement les divers degrés de finesse et apprécier avec exactitude les changements qui se pourraient produire dans le brin de laine, Daubenton appliqua le microscope à la mesure directe des diamètres des filaments ; il forma ainsi une échelle graduée de grosseur réelle, mit chaque degré en rapport avec les dénominations usuelles, et imprima ainsi à ses observations comparatives un cachet de certitude et de précision qui leur donne la plus grande valeur scientifique et pratique.

Je ne puis rappeler ici toutes les conséquences que Daubenton a déduites de ses expériences, quant à l'influence des reproducteurs sur leurs produits ; j'ai examiné, ailleurs, celles qui se rapportent à la couleur de la robe, à la taille des animaux, à la longueur de la laine, au poids de la toison, à la disposition du jarre. Il suffit, d'ailleurs, à notre sujet, de résumer celles qui touchent à la finesse du brin, qualité qu'il s'agissait particulièrement d'obtenir.

Par la seule influence de soins intelligents, et la sélection, dans la race même, des animaux qu'il destinait à la reproduction, Daubenton amena la race du Roussillon à un degré de finesse, presque semblable ou même égal à celui des laines espagnoles. Or, ses procédés micrométriques, appliqués à un nombre considérable de laines que le gouvernement lui avait fait venir de tous les pays, même les plus éloignés et les moins connus, lui avaient montré que la laine mérine était alors la plus fine de toutes.

Durant plus de trente ans, ou, pour préciser davantage, de 1767 au 1er janvier 1800, date de sa mort, Daubenton conserva les moutons roussillonnais ainsi améliorés, sans altération comme sans mélange, sans recours au sang espagnol ni à une nouvelle importation des Pyrénées-Orientales.

Ce résultat était capital : il prouvait qu'une race possédant de bons éléments peut s'améliorer assez facilement par elle-même. Aussi Daubenton en concluait-il qu'avec un peu d'attention, du temps et sans dépense on pouvait améliorer nos laines par le seul choix des meilleurs animaux de chaque troupeau.

C'est le bélier de race Roussillonnaise améliorée par elle-même, que Daubenton allia aux brebis de six races qu'il possédait : par ce procédé, et sans intervention aucune de béliers espagnols, il amena progressivement au degré de finesse le plus avancé la laine de toutes ces races.

Quand Daubenton eut reçu des Mérinos d'Espagne, il constata d'abord que cette race s'accommodait parfaitement du milieu dans lequel il l'avait placée. De 1777 à 1800, la race mérine conservée pure ne perdit à Montbard aucune de ses qualités, et se maintint sans nouvelles importations d'Espagne. Allié aux autres races et à leurs produits, le bélier Mérinos dota tout le troupeau du degré de finesse qu'il possédait lui-même.

Cette seconde série d'observations devait alors frapper les esprits beaucoup plus que la première. Elle répondait aux objections de ceux qui prétendaient que le climat de la France était contraire aux Mérinos et que cette race ne saurait se faire aux conditions que notre agriculture pouvait lui offrir. Elle ajoutait ainsi l'autorité irrécusable d'une démonstration directe à la force des arguments tirés de ce qui s'était déjà passé en d'autres pays, en Suède notamment et en Saxe.

Ainsi, les expériences de Daubenton établissaient, sur la question à l'étude, un certain nombre de résultats pouvant se formuler en quelques propositions simples et nettes.

Par le choix convenable de reproducteurs, dans une race qui possède en germe la qualité de laine qu'on veut obtenir, il est possible d'amener cette race à la perfection qu'on poursuit ; l'exemple de la race Roussillonnaise le démontre.

En entourant une race étrangère de soins appropriés, on peut la maintenir dans sa caractéristique, en dehors de la localité où elle s'est formée ; la race mérine en est une preuve.

En donnant un bélier porteur d'une laine superfine à des brebis dont la toison est commune, on obtient des produits qui participent des qualités du père et en répètent la perfection ; c'est le résultat constaté par l'alliance du bélier roussillonnais avec des brebis de races diverses, et surtout par l'alliance du bélier Mérinos avec ces mêmes brebis.

L'amélioration par le premier procédé, par une sélection dans la race même, est sûr, facile, peu coûteux, mais il est lent.

L'amélioration par l'emploi d'un bélier pris dans une race supérieure, c'est-à-dire par le croisement, est non moins certaine, et, si elle est un peu plus dispendieuse, elle est aussi bien plus prompte; elle exige, au reste, d'autant moins de frais et de temps, que le bélier améliorateur est tiré d'une race plus parfaite ; or, comme le Mérinos est plus parfait que le Roussillonnais, la conclusion générale se présentait la même : pour arriver à produire une laine fine égale à celle d'Espagne, il suffit d'introduire les béliers Mérinos et de les croiser avec nos brebis indigènes. Le premier croisement quelquefois, le second toujours, donne le résultat cherché.

L'emploi du bélier Mérinos comme améliorateur général de nos races, tel était donc, en dernière analyse, le moyen à adopter.

Il n'est pas nécessaire de faire apprécier la portée de cette conclusion si nette, et l'on ne s'étonne pas qu'elle eût passé, de l'ordre des faits d'observation expérimentale, dans l'ordre des faits pratiques.

Dans la situation de nos troupeaux, la méthode du croisement ne présentait pas alors d'inconvénient immédiat. Le résultat qu'on voulait atteindre était le même pour toutes les races, c'était la production des laines fines, et nos races indigènes, même les plus rapprochées du but, même la race Roussillonnaise, ne possédaient pas un degré de finesse suffisant. Comme, d'ailleurs, elles ne répondaient à aucun autre besoin pour lequel on eût dû les respecter, puisque le seul besoin senti alors était celui de la laine fine, il n'est pas étonnant qu'on se laissât aller à la logique rigoureuse des expériences de Daubenton.

Mais on alla plus loin ; Daubenton lui-même poussa à d'autres conséquences qui dépassaient les prémisses de ses expériences et se mettaient même, jusqu'à un certain point, en contradiction avec elles. Il conseilla d'unir d'abord les béliers de la race la plus parfaite avec les brebis de la race à améliorer ; de donner aux brebis les meilleures de la première génération, le bélier qui en était le père ou un bélier de même race et plus parfait, en ne se servant du même bélier que pour deux ou trois générations ; puis, arrivé au point d'amélioration qu'on recherchait, d'allier ensemble les meilleurs béliers et les meilleures brebis obtenus. En un mot, il conseilla le métissage après le croisement, et même l'emploi des béliers métis comme améliorateurs des races communes. Peu importait l'origine du bélier, pourvu que sa laine fût plus fine que celle de la brebis qu'on lui livrait.

Je dis que cette conséquence ne résultait pas des expériences mêmes de Daubenton, car ce fut d'abord avec le bélier roussillonnais perfectionné, puis avec le bélier Mérinos, qu'il améliora les races communes. Il conserva toujours l'un et l'autre purs, employa toujours l'un et l'autre dans son troupeau, et si quelque fait heureux d'alliance entre métis est cité dans ses mémoires, nulle part il n'a constaté la permanence du résultat, la fixité d'une race métis soutenue par elle-même.

Je dis aussi que ce conseil contredit un peu ses autres opinions, car Daubenton a souvent insisté sur l'importance capitale et sur le bénéfice plus grand qu'il y a à employer, dans tous les cas, le bélier appartenant à la race la plus parfaite. Or, la race qu'il considérait comme telle, dans l'espèce, était la race mérine. Des béliers métis ne pouvaient évidemment rivaliser avec le bélier Mérinos ; ils n'en avaient que le vernis et n'en imitaient que l'apparence.

Comme il est trop ordinaire à notre pays, on se contenta de l'apparence, et des deux conseils de Daubenton ce fut le moins simple qui fut le plus suivi. Aussi les hommes qui ont été appelés plus tard à s'occuper de cette grande question de l'introduction des Mérinos en France eurent-ils à lutter contre l'application par trop facile du métissage.

Huzard et Tessier ont cherché une excuse à Daubenton, dans la nécessité où l'on se trouvait, au début, d'ébranler la routine, de marcher quand même, et de suppléer à la qualité par le nombre ; mais ils ont combattu l'emploi des béliers métis comme une erreur démontrée par l'expérience.

Tessier surtout, dont l'esprit scientifique était si juste et les connaissances pratiques étaient si étendues, considérait le métissage comme impardonnable, pour la période d'amélioration à laquelle on était arrivé de son temps ; il l'attaquait comme ayant produit un mal réel, comme menaçant même l'avenir, parce qu'il avait déposé dans les troupeaux le germe de ce qu'il appelait l'*ignobilité* maternelle, qui devait se développer plus tard. On avait voulu avancer trop vite, et l'on reculait.

Tessier aurait préféré une amélioration plus lente, mais plus certaine.

Gilbert lui-même, qui eut une si belle part et un si grand rôle dans l'établissement des Mérinos chez nous, partagea l'erreur qui s'appuyait de l'autorité de Daubenton et qui devait ensuite s'étayer de la sienne. Mais son ardent désir de voir disparaître toutes les laines qui n'étaient pas fines le justifie, son enthousiasme l'absout, bien qu'en réalité il ait, comme le dit Tessier, fait rétrograder l'amélioration en la voulant accélérer.

Nous verrons que les pays où la production des laines fines a fait le plus de progrès ont adopté les idées de Daubenton et suivi ses préceptes, jusqu'au métissage exclusivement.

Une dernière sanction manquait aux belles études de Daubenton, c'était celle de la pratique commerciale et industrielle ; il l'obtint. Ses laines se vendirent au prix de celles d'Espagne. En 1783, du drap fut fabriqué avec ces mêmes laines et trouvé égal à celui que donnaient les plus belles laines mérinos. Daubenton rendit compte du résultat dans un mémoire que M. de Calonne mit sous les yeux de Louis XVI, et qu'il fit imprimer et répandre. Ce mémoire avait pour titre : *Sur le premier Drap de Laine superfine du cru de la France ;* c'est là une petite erreur. Déjà l'on avait fabriqué des draps avec des laines superfines obtenues en France, je reviendrai bientôt sur ce fait, mais je devais le signaler ici pour rétablir la vérité historique.

L'année suivante une nouvelle expérience fut faite

avec les laines du troupeau de Montbard et celles que fournissait une petite colonie de ce troupeau installée par Daubenton à l'école vétérinaire d'Alfort, dans le voisinage et sous les yeux de la capitale. Des pièces de draps furent fabriquées dans le Berry, à Abbeville, à Louviers, teintes aux Gobelins, et les laines superfines de France se montrèrent égales aux plus belles Léonaises d'Espagne. Le drap fut mis sous les yeux du roi qui comprit tout ce qu'il y avait d'avenir dans ce résultat.

La cause se gagnait aussi devant le public. Daubenton, qui voulait prouver les avantages du parcage, la possibilité d'y soumettre les Mérinos, arriver par ce moyen à supprimer les étables et aussi à supprimer les jachères, mit au Jardin des Plantes, en 1796, un petit troupeau composé en partie de Mérinos à laine superfine, tenus exclusivement en plein air, sans aucun abri, habitués dès leur naissance à ce genre de vie, et issus des animaux qui étaient restés continuellement à l'air à Montbard, de génération en génération, depuis vingt-huit, ou au moins depuis dix-huit ans.

Pour achever sa tâche, Daubenton écrivit l'*Instruction pour les bergers et pour les propriétaires du troupeau*, sorte de catéchisme par demandes et par réponses où sont résolues, peut-être avec un peu trop de détails, toutes les questions qui intéressent l'élevage des moutons, et où sont résumés les savants prémices que l'auteur avait présentés successivement à l'Académie des sciences sur les résultats de ses expériences. Traduit dans presque toutes les langues, cet ouvrage eut une vogue qu'expliquent assez sa valeur et son opportunité ; des éditions nombreuses en ont été épuisées, et le gouvernement en patrona la publication dans l'intérêt général.

Déjà si démonstratives, si complètes en elles-mêmes, et très-propres à résoudre la question qu'elles embrassaient, les études de Daubenton reçurent une confirmation et une nouvelle force des résultats obtenus simultanément dans ce même sens par d'autres observateurs.

Je vais suivre ces nouvelles expériences et en apprécie la portée.

IV

Développement successif de la race mérine.

Pendant que Daubenton poursuivait son œuvre, dont je n'ai pas voulu rompre l'unité par des incidents chronologiques, d'autres expérimentateurs suivaient la même voie, et leurs succès concouraient au même but.

M. de Barbançois, brigadier des armées, propriétaire dans le Berry, avait introduit la race mérine sur sa terre de Villegongis, huit ans avant que Daubenton eût même reçu des moutons Mérinos espagnols.

Les trois béliers que M. de Barbançois mit d'abord dans son troupeau, en 1768, provenaient de l'élevage de M. d'Étigny que j'ai signalé comme étant vraisemblablement le premier qui importa les mérinos en France.

Par ses caractères et en supposant son élevage conduit avec intelligence, la race ovine du Berry se prêtait assez bien à une alliance avec les Mérinos ; aussi les laines qu'en obtint M. de Barbançois furent-elles jugées aussi belles que celles d'Espagne. Elbeuf, Louviers et Châteauroux en firent de beaux draps, les premiers, en réalité, qu'on ait fabriqués avec des laines fines du cru de la France. Cette expérience importante précéda de huit ans celle qu'on fit avec les laines de Montbard, et dont Daubenton rendit compte dans le Mémoire dont j'ai précédemment indiqué le titre.

Un tel résultat frappa vivement Turgot. Par l'inspiration de ce grand ministre Louis XVI demanda au roi d'Espagne, et obtint, en 1776, deux cents bêtes à laine de race mérine, choisies dans les troupeaux de Léon et de Ségovie.

Les animaux ainsi introduits par l'initiative si heureuse de Turgot et de Louis XVI furent distribués entre plusieurs particuliers : M. de Barbançois en reçut un lot qu'il plaça dans sa propriété du Berry ; Daubenton en reçut un autre qu'il installa à Montbard pour en faire le sujet de ses expériences.

Les études de M. de Barbançois étaient instituées sur le même pied que celles de Daubenton. Il tenait deux troupeaux distincts, l'un pur, l'autre croisé, et pouvait de la sorte remonter incessamment à la race pure, pour conserver aux laines de ses moutons croisés les qualités qui faisaient leur réputation. Ses succès lui firent quelques imitateurs et point de rivaux. On ne comprit pas autour de lui qu'en changeant les races, il fallait changer aussi le mode d'élevage.

On voulut alors, sans améliorer en rien le régime nutritif des animaux, conserver le même nombre de têtes sur la même surface ; on ne sut pas maintenir l'égalité nécessaire entre l'alimentation d'hiver et celle d'été ; on pratiqua le métissage sans discernement. La nouvelle race dépérit, l'ancienne s'abâtardit.

Naturellement, on attribua aux imperfections et défauts de la nouvelle race l'échec qu'on devait mettre au compte de l'ignorance et de la négligence, et l'on revint à la race berrichonne. Mieux valait ce parti ; mais la race berrichonne métissée n'avait rien gagné dans son alliance mal calculée avec les Mérinos, et elle avait perdu des caractères qui faisaient sa valeur locale. Par bonheur, ces essais inintelligents avaient eu lieu sur une très-petite échelle ; la race berrichonne en masse est restée pure, et nous retrouvons encore en elle une des races les plus remarquables de notre pays.

Si les tentatives de M. de Barbançois n'eurent point de résultats pour le Berry, elles en eurent pour la France ; elles restèrent comme expériences favorables à la production des laines fines par l'emploi de la race mérine, et fortifièrent ainsi les conclusions des expériences de Daubenton.

La question de possibilité était dès lors résolue ; il ne restait plus qu'à étendre cette production, à généraliser cette race. Le gouvernement de Louis XVI s'y employa avec un zèle dont l'avenir devait recueillir tous les fruits.

Le roi venait d'acheter le domaine de Rambouillet au duc de Penthièvre ; il y fit construire une ferme destinée aux études expérimentales sur l'agriculture, et y plaça, en 1786, sur le conseil de Tessier, un troupeau de Mérinos recruté dans les meilleures cavagnes

Léonaises. Parti d'Espagne au mois de mai, ce troupeau arriva à Rambouillet au mois d'octobre suivant, après avoir perdu seize animaux, morts en route ; il comptait alors trois cent soixante-quatre têtes, et fut bientôt réduit à deux cent soixante-neuf, par suite des ravages de la clavelée qu'il gagna sur notre territoire. Établi sur la partie sèche et sablonneuse du domaine, il forma le noyau de la bergerie de Rambouillet, devenue depuis si utile et si célèbre, et qui est encore aujourd'hui la source d'améliorations incessantes pour les troupeaux de l'Europe et du Nouveau Monde.

Les Mérinos commençaient à être adoptés par les particuliers, et plusieurs administrations provinciales avaient déjà répandu dans leurs ressorts les béliers qu'elles avaient tirés du troupeau royal, quand la Révolution vint un instant suspendre ce mouvement d'amélioration. Il fut bientôt repris sous l'influence du Bureau consultatif d'Agriculture ; la Convention décréta que l'*Instruction* de Daubenton pour les bergeries serait imprimée et tirée à deux mille exemplaires, aux frais de la nation et au profit de l'auteur ; mais cette édition officielle de l'œuvre de Daubenton ne parut qu'en 1802.

Parmi les membres du Bureau consultatif, qui fit prendre cette si féconde décision, il faut citer Gilbert, Huzard, Labergerie, Tessier, Vilmorin, hommes dévoués qui se trouvèrent heureux, comme l'a dit Tessier lui-même, d'avoir l'occasion d'être utiles à leur patrie, dans un moment où elle se déchirait elle-même et où les étrangers la menaçaient de toutes parts. Ce bureau consultatif jugea nécessaire de faire une instruction sur les moyens les plus propres à assurer la propagation des bêtes à laine de la race d'Espagne. La rédaction en fut confiée à Gilbert, et deux éditions, toutes deux du même format que la grande instruction de Daubenton, parurent en 1797 et 1799. Tessier enfin fut chargé de rédiger, en profitant de tous les résultats acquis par l'expérience, une nouvelle instruction qui fut publiée en 1810 par ordre du ministère de l'Intérieur.

Par une clause secrète introduite dans le traité signé à Bâle avec l'Espagne, en 1795, la France s'était réservé le droit de tirer d'Espagne quatre mille brebis, mille béliers et deux cents chevaux andaloux; l'extraction devait se répartir en cinq exportations successives d'année en année. Le Directoire n'usa pas d'abord de cette faculté; mais plus tard, sur les instances de Gilbert qui proposa un plan d'exécution bien étudié, plan qui fut adopté par le Bureau consultatif d'Agriculture, on songea à profiter de la clause favorable du traité de Bâle.

Gilbert lui-même partit pour l'Espagne, en 1799; il était chargé par le gouvernement d'acheter des Mérinos pour former une bergerie à Perpignan, au sein du Roussillon. Il avait en outre accepté de se charger du même soin pour un certain nombre de particuliers qui avaient souscrit à raison de 50 francs par tête ovine.

Gilbert accomplit sa mission avec autant d'abnégation et de dévouement qu'il y avait de conviction dans son esprit et de passion dans son amour du bien public. Rien cependant ne sourit à son zèle. Les saisons lui furent contraires, ses troupeaux furent décimés par la pourriture, sa santé s'affaiblit dans les fatigues des voyages, le gouvernement français en même temps le laissa sans réponse et sans secours. Gilbert ne se découragea pas et continua seul l'œuvre dont il avait senti l'importance et accepté la responsabilité. Il venait de faire partir pour Perpignan le convoi de mille bêtes à laine qu'il avait réunies, quand la mort le surprit au milieu du plus absolu dénûment : on l'avait oublié.

L'importation de Gilbert n'épuisait pas le droit de la France. La Société centrale d'Agriculture obtint du gouvernement l'autorisation de former une association d'agriculteurs et d'industriels qui tireraient d'Espagne le nombre complémentaire de Mérinos, consenti par le traité de Bâle. Trois importations successives faites par suite de cette combinaison, en 1800 et 1803, donnèrent à la France trois mille cinq cents têtes environ de race mérine d'Espagne : Rambouillet reçut alors, pour la seconde et dernière fois, une nouvelle colonie de Mérinos. On ne put obtenir les cinq à six cents moutons qu'il restait à importer encore pour profiter complétement des avantages que garantissait le traité de Bâle. Mais les circonstances de la guerre et les rapports de la France avec l'Espagne permirent de faire, par la suite, des extractions nouvelles dont l'importance dépassa de beaucoup les limites posées par le traité.

Dans la ferme de Rambouillet, dans les bergeries que l'État avait fondées durant la période de l'Empire, dans celles que les particuliers formèrent ensuite, les Mérinos introduits commencèrent à se multiplier ; des ventes eurent lieu qui amenèrent déjà la diffusion de ces animaux sur un certain nombre de points du territoire. Soixante succursales de Rambouillet furent établies, et la France dut suffire dorénavant elle-même aux nécessités de son élevage de moutons Mérinos ; il n'y eut plus d'importation quelque peu considérable depuis 1811.

Les événements qui précédèrent et accompagnèrent la chute de l'Empire modifièrent la situation des choses et suspendirent l'élan que le rétablissement de la paix ranima bientôt. La part considérable que les bergeries des particuliers prirent alors dans notre production ovine rendit moins nécessaire, dans la suite, l'intervention de l'État ; l'établissement de Rambouillet, qui avait été le premier fondé pour l'élevage des Mérinos purs, devint le seul ; il reste encore aujourd'hui le dernier établissement de l'État ayant cette destination.

D'ailleurs la production des Mérinos s'est modifiée à mesure qu'on s'est éloigné du point de départ, elle n'est plus même de nos jours ce qu'elle était au commencement de ce siècle. Des tendances nouvelles se sont manifestées, des changements se sont opérés par conséquent dans la spéculation.

9.

Ce sont les résultats obtenus à l'origine, ceux qu'amenèrent progressivement ces tendances et ces modifications nouvelles, que je dois maintenant faire connaître.

V

Résultats de l'établissement de la race mérine.

On a vu, par l'état de notre industrie et par celui de notre production ovine, comment le besoin de laine fine a été senti dès le dix-septième siècle ; j'ai dit aussi par quelles circonstances l'agriculture a été amenée à s'occuper exclusivement de cette sorte de laine, et est parvenue à s'approprier la race mérine, grâce à l'initiative éclairée de quelques fonctionnaires publics, à l'intervention utile du gouvernement, aux études expérimentales de la science, au désintéressement d'hommes dévoués.

La race mérine une fois établie dans notre pays, quels ont été les résultats définitifs de tant d'efforts, de sacrifices et de zèle?

Dans le principe, toutes les tentatives faites pour déterminer l'adoption des Mérinos furent menacées d'échouer contre l'opposition des cultivateurs, des manufacturiers, des bouchers.

Par la majorité des cultivateurs, les Mérinos étaient repoussés pour cette seule raison qu'ils étaient étrangers, qu'ils blessaient les yeux par une conformation différente de la conformation des races indigènes qu'on avait coutume de voir chaque jour. Ils étaient, de plus, patronés par de grands propriétaires, par des administrateurs, par des savants, par des gens qui n'avaient pas manié toute leur vie les mancherons de la charrue, en un mot, c'était une innovation, une déviation de l'antique routine.

Des prédictions sinistres accueillirent donc la race espagnole. Elle ne devait pas trouver en France les habitudes de climat, d'alimentation, de transhumanie au milieu desquelles elle prospérait et auxquelles elle empruntait toute sa valeur. Elle dégénérerait infailliblement, après avoir ruiné ses partisans. L'expérience répondit victorieusement à ces accusations prématurées et confirma, par rapport à la race mérine, un principe qu'elle a constaté pour toutes les races perfectionnées : la possibilité de tenir partout toute espèce de race domestique, quand on sait l'entourer des soins qu'elle réclame. La race mérine, en effet, dans les conditions extrêmement variées au milieu desquelles elle a été placée, et toutes les fois qu'elle a rencontré des éleveurs intelligents, s'est montrée douée de la résistance la plus grande aux agents de détérioration, et a prouvé ainsi l'antiquité et la pureté de son sang.

Il est vrai que les soins convenables exigés par les Mérinos étaient précisément ce qui effrayait le plus l'indifférence et la paresse. Il était si commode d'abandonner les moutons des races indigènes aux influences libres de la nature, sans se préoccuper de leur alimentation, de leur habitation, de leur accouplement, de leur garde, de leur hygiène. Malgré l'avilissement et la misère de ces races, tout semblait bénéfice dans un élevage qui paraissait ne rien coûter, parce qu'on ne comptait pas. A cette époque, plus encore qu'à la nôtre, l'esprit industriel était étranger aux spéculations agricoles.

Progressivement, les provinces les plus avancées arrivèrent à comprendre qu'en zootechnie, comme en tout, on ne fait rien avec rien. Et, certainement, c'est là un des résultats généraux les plus importants de l'introduction des Mérinos, que d'avoir fait réfléchir les éleveurs sur leur comptabilité, d'avoir appelé leur attention sur les questions qui se rattachent à la valeur comparée des races domestiques, à leur exploitation économique. Directement ou indirectement, la race mérine a été l'occasion des améliorations réalisées depuis un demi-siècle dans l'économie du bétail ; elle a commencé l'éducation des cultivateurs.

Les faits constatés étaient, au reste, tellement démonstratifs ; l'enseignement par les bergeries de l'État, et en particulier celui que donnait la bergerie de Rambouillet au milieu d'un pays de grande culture, dans le voisinage de Paris, sous les yeux de la population la plus industrielle, était tellement précis, je dirai même tellement mathématique, que la conviction se généralisa enfin.

Pendant que s'opérait la conviction des cultivateurs, la résistance des manufacturiers retardait encore le progrès. Il y avait là aussi des habitudes prises que ne changea pas immédiatement la certitude du profit. Des relations établies, des marchés passés entre les fabricants et les propriétaires espagnols ou les agents commerciaux, avaient constitué une sorte de monopole au bénéfice de certaines maisons des plus riches, qui accaparaient les laines mérines et redoutaient, par conséquent, la concurrence dont les menaçait l'importation des moutons Mérinos. La routine industrielle s'unit un moment à la routine agricole pour déclarer tout d'abord que la laine des Mérinos français n'égalerait jamais la laine des Mérinos d'Espagne. Puis, elle essaya de maintenir encore cette opinion, après le succès bien constaté de la race mérine, afin de profiter de la dépréciation des laines et d'en abaisser forcément le prix en refusant de les employer, ou en ne les accueillant qu'avec indifférence. On ne peut longtemps lutter contre son appétit. Peu à peu l'industrie céda ; elle-même s'appliqua à mettre en relief la supériorité de nos laines fines, et sollicita de l'agriculture une production plus considérable de cette matière première.

Une autre critique fut opposée encore à l'adoption de la race mérine ; on l'accusa d'être désavantageuse pour la boucherie, de s'engraisser mal, de rendre peu de suif, de donner une chair de mauvaise qualité. Cette objection, il faut le reconnaître, était plus sérieuse et mieux fondée que les précédentes.

Les détails dans lesquels je suis entré sur l'élevage des Mérinos, en Espagne, ont montré que ces animaux ne recevaient aucun des soins qui font les bonnes races de boucherie : leur alimentation était incapable de développer une organisation de bêtes d'engrais ; ils arrivaient tard à l'abattoir, parce qu'on profitait le plus longtemps possible de leur toison, ils subissaient tard l'opération de la castration, les reproducteurs étaient choisis sans préoccupation aucune de l'aptitude à l'engraissement, et le régime auquel on soumettait enfin ces moutons, si peu disposés et si mal préparés à un engraissement facile, était tout au plus propre à leur donner un peu d'état. C'était là une conséquence inévitable de leur destination ; les Espagnols leur demandaient de la laine fine et rien de plus.

On ne prit pas aussi nettement son parti chez nous ; la viande ne pouvait, d'ailleurs, être un produit indifférent, et les promoteurs de la race mérine durent essayer de la défendre, même sur le terrain qui n'était pas le sien. En modifiant plusieurs des circonstances que je viens de rappeler, celles qui touchent au régime d'engrais et à la castration, ont pu atténuer les défauts ; on ne put jamais faire que la conformation des Mérinos et leurs aptitudes fussent celles d'une race passable de boucherie.

Cette infériorité, qui était dans la nature même des Mérinos, est devenue plus tard contre eux un des reproches les plus graves ; nous verrons comment on a cherché à y échapper. Mais, dans la période d'installation de la race, c'est-à-dire à la fin du siècle dernier et durant le premier quart de celui-ci, la laine fine fut le produit principal et presque unique qu'on demanda aux moutons ; les objections tirées du peu de valeur des Mérinos comme bêtes de boucherie tombèrent donc, avec celles qu'on avait voulu fonder sur l'impossibilité prétendue de les acclimater, de leur donner les soins qu'ils exigeaient, d'en obtenir une laine égale à la laine espagnole. Si la lutte fut vive, la victoire fut complète.

Plusieurs circonstances, il est vrai, aidèrent au triomphe de la race mérine et à son adoption. L'usage des étoffes de laine était devenu général. Les idées de la Révolution, en confondant toutes les classes de la société dans l'uniformité du costume, poussèrent principalement au choix des vêtements plus serrés d'étoffes foulées. La mesure du blocus continental obligea la fabrication à se suffire à elle-même dans ses diverses branches, en même temps qu'elle assura à nos manufactures la consommation de la France agrandie, un marché devenu presque européen, et sur lequel il fallait apporter des produits analogues à ceux de l'Angleterre que nous écartions. De grands progrès furent ainsi provoqués, des débouchés ouverts. Les bénéfices réalisés par les industriels, qui entrèrent les premiers dans la voie, attirèrent la foule à leur suite. Beaucoup de propriétaires entrevirent le moyen de réparer les désastres de leur fortune, ou de s'en faire une à côté des industriels. Le prix assez bas, auquel le blé fut vendu durant plusieurs années, fit songer à un autre genre de produits. Le taux peu élevé de l'argent sur l'État fit chercher d'autres placements. Les désastres des dernières années de l'Empire et les événements de 1815 vinrent rompre un instant l'équilibre. Les débouchés se restreignirent, mais les progrès restèrent ; les Mérinos étaient dorénavant acquis à l'agriculture et à l'industrie.

Ils ne se sont pas, cependant, répandus sur toute la surface de notre territoire. Les conditions culturales, en harmonie avec les conditions météorologiques, avec les aptitudes des animaux, ont naturellement déterminé leur répartition. Ils se sont cantonnés dans les parties plutôt sèches qu'humides, par conséquent, dans la région des vignes et dans les pays de culture céréale. C'est là, en effet, que la spéculation sur l'espèce ovine l'emporte économiquement et domine. C'est là qu'on peut préparer des fourrages pour régulariser le régime des bêtes à laine ; que les prairies se développent, parce que les moutons utilisent avantageusement le parcours des chaumes, les pailles, les herbes non fauchables, les jachères, et qu'ils fournissent un excellent engrais au parc ou à la bergerie.

Le haut prix des laines, la vente lucrative des béliers, le placement facile des animaux pour l'engraissement de seconde main, la possibilité de vendre le produit de la tonte à l'époque des grands travaux de la récolte, c'est-à-dire de rentrer dans ses avances et de recueillir le bénéfice au moment des plus grandes dépenses, sont aussi des avantages qui appelèrent le Mérinos dans les contrées dont il s'agit. Un moment l'agriculture ne vit rien au-dessus de l'élevage de la race mérine; c'était le but de toute amélioration, le terme de la perfection, l'idéal du succès.

En définitive, la race mérine se trouve aujourd'hui dans le Roussillon et une partie du bas Languedoc, dans la plaine d'Arles, la Bourgogne, la Champagne, la Brie, l'Ile de France, et quelques parties voisines; d'une manière générale, on peut dire qu'elle occupe le bassin du Rhône dans sa partie basse, le bassin de la Seine dans ses parties haute et moyenne, et le bassin de la Marne.

Si l'on cherche comment cet établissement des Mérinos a modifié l'ancienne répartition des moutons, telle que je l'ai précédemment résumée pour notre pays, voici le tableau que vous présentera la combinaison actuelle de nos races ovines.

Les nouveaux venus ont pris position, et dans notre région septentrionale, et dans notre région méridionale. Dans l'un et dans l'autre, ils ont envahi le domaine des races indigènes dont la laine était la plus fine pour chacun des deux types, soit en se mêlant à ces races, soit en se substituant à elles. Ils ont formé ainsi deux stations; celle du Nord, assise sur les bassins de la Seine et de la Marne; celle du Midi, située dans la partie inférieure du bassin du Rhône et la région méditerranéenne voisine. Ils ont donc laissé, en dehors d'eux, un certain nombre de races avec les caractères que nous leur avons reconnus dans la distribution que nous avons faite dans la précédente période.

Ces races, restées ainsi étrangères à l'influence des

Mérinos, composent, dans notre région septentrionale, le groupe des moutons plus développés, à laine plus longue, répandues tout le long de la mer, depuis l'embouchure de la Gironde jusqu'à la frontière belge, dans des pays riches, plus ou moins humides, à pâturages généralement abondants, offrant, par conséquent, des conditions peu favorables à la race mérine.

Dans notre zone méridionale, les moutons que n'a pas atteint l'introduction des Mérinos occupent une plus grande étendue, figurant une sorte de parallélogramme dont le périmètre est tracé par la Loire au nord, l'Atlantique à l'ouest, les Pyrénées au sud, et les limites de la station méridionale des Mérinos à l'est. Là vivent des races plus ou moins petites et rustiques, qui cherchent leur nourriture sur de grandes surfaces, à l'injure du temps, sur les bruyères, sur les landes, dans les bois, sur les terres marécageuses, le long des chemins, sur les parcours des terres arables. Rarement on a préparé pour elles quelque fourrage fauchable, et, si leur alimentation est quelquefois abondante durant la bonne saison, elle est généralement pauvre, trop souvent insuffisante dans la mauvaise. Il n'y a là, ni la riche alimentation nécessaire aux races de boucherie, ni même la ration moyenne, mais régulière, indispensable pour les bonnes races à laine fine, en particulier pour les Mérinos.

Ainsi se présente et s'explique le cantonnement des Mérinos. Les deux stations qu'ils occupent aujourd'hui diffèrent assez entre elles, pour que les animaux y puissent subir des modifications qui deviennent, avec le temps, des caractères distinctifs.

Les Mérinos du Midi, sous un climat et au milieu d'une agriculture plus analogue au climat et à l'agriculture d'Espagne restés ainsi davantage dans les conditions naturelles de leur élevage, ont gardé plus intact le cachet des Mérinos espagnols. Ceux du Nord, placés dans les contrées de grande culture, dont je viens de faire apprécier les ressources et les nécessités, soumis au parcage sur des terres arables et abrités dans des bergeries, présentent toujours les traits caractéristiques des Mérinos ; mais modifiés par des soins et des usages, par une alimentation plus copieuse, ils ont pris de la taille et de l'ampleur ; par une conséquence inévitable, leur laine a perdu un peu de sa finesse.

Ainsi se sont progressivement formées, non pas deux races, puisque le sang est bien toujours le même et pur, mais deux variétés, deux sous-races, différant autant l'une de l'autre que les conditions mêmes d'où elles sont nées. En les désignant par les noms des centres de leur élevage primitif, par ceux des bergeries de l'État d'où elles sont principalement issues, on peut les distinguer en *Mérinos de Rambouillet* et *Mérinos de Perpignan.*

Deux autres variétés ou sous-races, moins importantes que les précédentes par leur nombre, se sont encore produites entre les mains des éleveurs. D'après les localités d'où elles sont sorties, on les connaît sous les dénominations de *Mérinos de Naz* et *Mérinos Mauchamp*.

Enfin, à côté de ces quatre grandes familles se sont formés les Métis-Mérinos, population nombreuse et bigarrée d'animaux participant plus ou moins aux caractères des variétés de la race mérine, possédant une dose plus ou moins forte du sang de l'une et de l'autre, et l'ayant reçue par croisement, par métissage, suivant des combinaisons et des modes très-divers. C'est pour la création de ces métis qu'ont été absorbées les races locales dans les régions où j'ai montré la prise de possession des Mérinos.

VI

Études sur les laines d'Algérie.

Au mois d'avril 1853, une Commission fut instituée par M. le Ministre de la Guerre pour examiner les questions qui se rattachent à l'amélioration des races bovines et ovines de l'Algérie. Cette Commission me fit l'honneur de me nommer Rapporteur, et les mesures qu'elle considéra comme propres à développer l'économie du bétail dans nos possessions d'Afrique furent soumises à l'appréciation de M. le Ministre.

Parmi les documents mis à la disposition de la Commision pour éclairer son opinion, figurait un lainier contenant 1408 échantillons recueillis sur presque tous les points du territoire algérien et envoyés à l'administration par M. Bernis, vétérinaire principal de l'armée d'Afrique. Ce lainier devait nécessairement servir de point de départ à l'examen des questions relatives aux races ovines. De tous les éléments d'appréciation il fut le premier et le plus utilement consulté : c'était celui qui nous donnât l'image la plus complète et la plus fidèle de la production algérienne; c'était le seul, en réalité, qui nous permît de juger, à distance, d'un pays que nous regrettions, pour la plupart, de n'avoir pas étudié *de visu*.

La Commission voulut bien me charger de lui présenter un travail d'ensemble sur l'état actuel de la production des laines en Algérie, tel, du moins, qu'on peut le concevoir d'après l'étude de ces échantillons. Dans sa pensée, ce travail devait servir et a servi de base à l'appréciation ultérieure des moyens propres à améliorer, suivant les cas, à conserver ou à perfectionner cet état.

J'ai essayé de remplir ses intentions, et c'est cette étude personnelle que je publie aujourd'hui. Pour conduire mes recherches vers leur but, j'ai examiné ces nombreux échantillons un à un; je les ai comparés entre eux, abstraction faite de l'ordre géographique suivi par le collecteur, puis je les ai coordonnés systématiquement. J'ai pu me faire ainsi une idée générale sur la valeur comparée de laines d'Algérie, sur leurs caractères dans les diverses parties de notre conquête.

Pour exprimer clairement cette idée, j'ai éprouvé quelque embarras.

La désignation des laines exigeait la désignation des tribus qui les produisent, et celle des localités d'où elles proviennent. Il en résultait une série doublement confuse de noms indigènes et de noms géographiques avec lesquels nous ne sommes pas très-familiarisés encore. J'ai pensé qu'il serait plus simple et plus clair de représenter, par une teinte spéciale, chaque groupe de laine que j'établis, et de peindre cette classification sur une carte.

L'administration a bien voulu me confier une grande carte de l'organisation militaire et politique de l'Algérie, en 1852, sur laquelle se trouvent indiquées toutes les tribus; elle a, de plus, mis à ma disposition deux exemplaires des cartes de chaque province.

Malheureusement, la grande carte émanée du bureau politique des affaires arabes est unique, et ne pouvait m'être prêtée qu'à titre de renseignement; les cartes des provinces sont chargées de nombreux détails géographiques qui masquaient les faits que je voulais mettre en évidence. Ces cartes ont, d'ailleurs, des dimensions telles, qu'on ne peut commodément les manier, et qu'il devient difficile d'embrasser d'un coup d'œil l'ensemble des faits et d'en saisir les rapports. Je m'en suis servi pour des ébauches préliminaires, et j'ai pris le parti de dresser moi-même une carte d'Algérie sur une plus petite échelle. Tout en observant scrupuleusement les données géographiques et politiques, je les ai subordonnées à mon but, et ce travail n'est, en grande partie, que le commentaire de la carte que j'ai moi-même dressée.

En général, les laines d'Algérie appartiennent à la classe des laines communes, et on peut les caractériser en disant qu'elles sont longues, dures et sèches, mécheuses et jarreuses, trop souvent maigres et peu tassées. On peut dire aussi, d'une manière générale, qu'elles sont fortes et chargées de suint, qu'elles ne manquent pas de nature et qu'elles trahissent un certain type de finesse qui se développe et devient plus sensible à la fabrication.

Par tous ces caractères, ces laines conviennent naturellement au peigne, quand elles ne deviennent pas nerveuses et crineuses au point de rentrer tout spécialement dans la catégorie des laines à matelas.

Il est bien évident que, sous cette caractéristique commune que j'adopte comme applicable à la généralité des laines d'Algérie, il se produit de nombreuses variétés, d'autant plus nombreuses que, grâce aux habitudes d'élevage des Arabes, aux conditions du parcours et aux razzias, une même tribu, un même troupeau présente des différences considérables. Mais, en faisant la part de ces circonstances et en supprimant les nuances trop peu accusées, il me semble qu'on peut grouper toutes les laines d'Algérie en quatre catégories.

Une première catégorie comprendrait les laines longues, excellentes pour le peigne, offrant les traits principaux que je viens d'indiquer, avec de l'homogénéité et de la régularité dans le brin, du cachet dans l'ensemble, plus de richesse et de finesse, promettant de se prêter à toute application, d'être bonnes pour tout. Pour plus de brièveté, je les désignerai sous le nom de laines de la première catégorie.

Par opposition à ce premier groupe, j'en distinguerai un second, composé des laines courtes ou moyennes, fines et carrées de mèche, rappelant le type mérinos et le rappelant quelquefois au point d'en faire soupçonner l'influence primitive; je les nommerai, dorénavant, laines de la seconde catégorie.

Entre ces extrêmes, qui représentent les deux termes opposés de la plus grande valeur des laines d'Algérie, je place deux autres catégories, dont chacune forme une sorte d'annexe à l'une des deux premières. Une de ces catégories serait formée par les laines inférieures, plus ou moins longues, auxquelles j'appliquerai le nom de laines de la troisième catégorie; l'autre, par les laines ayant encore du principe mérinos, ou plutôt une tendance vers ce type, mais à un moindre degré : je les distinguerai par la dénomination de laines de la quatrième catégorie.

En réalité, je ne distingue que deux grandes classes, subdivisées chacune en deux groupes.

Le groupement auquel je m'arrête, fondé exclusivement sur la nature même des laines, ne préjuge rien quant aux moyens d'amélioration à préférer; il laisse tout entière la question de savoir s'il faut appliquer partout le même mode d'amélioration, ou bien s'il faut choisir, ici, le bélier Mérinos et tel ou tel Mérinos, là le bon bélier indigène; il se contente, en un mot, de poser le problème d'après la qualité seule des laines, et indépendamment des conditions agricoles de leur production, de la situation industrielle et politique des producteurs, des habitudes et des nécessités de l'élevage. Cependant, une fois le moyen, ou les moyens d'amélioration arrêtés, peut-être que cette classification permettra d'apprécier quelle pourra être la rapidité probable du résultat ; peut-être aussi, en plaçant les laines sur le lieu même de leur production, fera-t-elle voir sur quelles parties du territoire algérien il serait profitable de porter d'abord l'amélioration, sur quels points pourrait s'exercer, dès le principe, l'action de l'administration.

Le premier fait général qui en ressort, c'est que les laines longues de la première catégorie comme celles de la seconde, dans lesquelles le principe mérinos est le mieux accusé, ou, en d'autres termes, les meilleures laines d'Algérie, dans deux sens divers, se trouvent côte à côte dans la province de Constantine : les premières, dans la région d'El-Beïda, les secondes dans le cercle de Tebessa, c'est-à-dire au centre est de la province, sur les frontières de la régence de Tunis.

D'autre part, les laines qui gardent le plus grand nombre des défauts des laines d'Algérie et montrent le moins de qualité, se présentent surtout à l'extrémité nord-ouest et à l'extrémité nord-est de nos possessions, dans la subdivision de Tlemcen et dans celle de Bône, c'est-à-dire dans le voisinage du Maroc, d'un côté, et, de l'autre côté, sur les confins de la régence de Tunis, précisément au-dessus des contrées qui se signalent par la supériorité de leurs laines.

Les laines inférieures, plutôt courtes que longues et touchant un peu au Mérinos, se trouvent nombreuses dans l'ouest de la partie centrale de la province de Constantine, subdivision de Sétif, et surtout dans les cercles de Sétif et de Bou-Saada. Elles embrassent, dans ce dernier cercle, un vaste espace qui se continue, en quelque sorte, au centre de la province d'Alger, sur toute la largeur que prend cette province dans la grande contrée qui environne Djelfâ. Des laines de cette nature se présentent encore, mais sur quelques points épars, dans le cercle de Bougie et dans celui de Médéah; on n'en aperçoit plus de trace dans toute la province d'Oran.

Les laines communes, qui ne se distinguent par aucun des caractères particuliers que je viens de mentionner et qui forment le fond de la production des laines en Algérie, sont naturellement les plus répandues.

Quant aux laines qui semblent former des transitions entre ces différents groupes, elles se répartissent, avec une certaine uniformité, qui reste en rapport avec la distribution des laines des catégories principales.

Ainsi, les bonnes laines longues ou demi-longues qui semblent affinées par le principe mérinos se trouvent principalement dans toute la partie sud du cercle de Constantine, depuis la contrée où se placent les meilleures laines longues et courtes, jusqu'à celle où apparaissent encore, mais dans des qualités moindres, des traces du principe mérinos. Il s'en montre quelques rares représentants dans les environs d'Aumale et de Dellis.

Il semble donc qu'il y ait, entre les tribus arabes, des rapports de commerce ou de voisinage qui amènent la fusion des caractères de leurs troupeaux. C'est un fait important à signaler et qui pourrait mettre sur la voie des moyens d'amélioration et d'influence à employer, si l'on pouvait remonter de sa simple constatation à ses causes.

La répartition dont je parle est trop régulière pour que ces causes puissent se résumer toutes dans la pratique peu logique des razzias.

Cette même fusion, cette même combinaison de caractères s'observe aussi pour les laines les plus communes, qui paraissent avoir emprunté quelque chose au type mérinos; on les trouve surtout dans le sud et le sud-ouest de la province de Constantine, dans tout le cercle de Sétif et dans celui de Biskra, c'est-à-dire dans le voisinage des pays où se montrent les éléments mêmes de leur mélange. On les observe encore dans le centre et l'est de la partie septentrionale de la province d'Alger. On comprend, d'après ce que j'ai dit tout à l'heure, qu'il ne s'en présente plus dans la province d'Oran.

En résumé, les laines auxquelles s'applique principalement la caractéristique générale que j'ai donnée des laines d'Algérie se trouvent dans la province d'Oran, et s'y trouvent sans aucun mélange, à n'en juger, du moins, que d'après les échantillons du lainier. Ces laines se présentent aussi, dans la province d'Alger, en proportion plus forte que celles d'autres sortes; elles se rencontrent, au contraire, en proportion relativement moindre dans la province de Constantine.

C'est dans cette dernière province que s'observent

les meilleures laines des divers groupes, et les modifications les plus nombreuses semblant indiquer des mélanges.

Si l'on compare entre elles les parties les plus voisines et les parties les plus éloignées du littoral, on voit que le principe mérinos se révèle bien plus dans les secondes que dans les premières. Si l'on compare l'ouest à l'est, on trouve que la valeur des laines décroît de l'orient à l'occident, tout comme s'affaiblit aussi, dans la même direction, l'influence que je rapporte, pour me faire comprendre en peu de mots, au type mérinos.

Après ce coup d'œil général et cet aperçu sur la valeur relative des laines de chacune des trois grandes divisions de notre territoire africain, il est nécessaire d'étudier chaque province avec quelques détails. Cette marche me permettra, d'ailleurs, d'accomplir complétement ma tâche, en classant tous les échantillons du lainier.

J'appliquerai à ce classement la même méthode d'appréciation, et, dans les séries de noms de tribus que je serai conduit à grouper dans chaque catégorie, je suivrai l'ordre dans lequel ces tribus me semblent se placer pour la qualité de leurs laines.

Je commence par la province de Constantine.

Je rappellerai d'abord que les meilleures laines de la première et de la seconde catégorie se rencontrent spécialement, on peut dire exclusivement, dans cette province, et que les principaux centres de leur production, la contrée d'El-Beïda pour les unes, celle de Tebessa pour les autres, sont voisins et situés tous deux dans le sud-est du cercle de Constantine.

Les Harectas sont les producteurs des premières; les Nemenchas, les producteurs des secondes.

Parmi ces derniers, les Ouled-Yahia-ben-Thaleb, les Meghersa et les Abeneda, c'est-à-dire les fractions qui occupent la partie la plus septentrionale du cercle de Tebessa, paraissent, d'après les échantillons qui les représentent au lainier, posséder des troupeaux plus bataillés et, par conséquent, inférieurs.

Auprès des Harectas, mais à leur suite, se placent les tribus des Sellaoua et celles des Barrania, habitant dans le même cercle, au nord et à l'ouest des premières, et possédant des laines du même genre, plus fines et valant moins.

A la même catégorie se rattache une qualité de laine qui est très-remarquable par le cachet mérinos dont elle porte l'empreinte. Cette laine, plutôt courte que longue de mèche, bonne pour peigne et pour carde, et qui semblerait vraiment avoir été déjà métissée, se trouve encore dans le cercle de Constantine, et atteint son plus haut degré de valeur chez les Amer-Cheraga, à une assez grande distance desquels se rangent les Ouled-Khebab, Zmouls, Ouled-Zoonei, Zaouïa-ben-Yahia, Beni-Merouam (Ferdjouah), Ouled-abdel-Nour, Ghomrian.

Il faut remarquer que les Amer-Cheraga, qui se placent nettement en tête des autres tribus, sont les plus voisins, en même temps, des Harectas et du cercle de Tebessa, exemple frappant de cette fusion de caractères qui résulte, peut-être, de rapports commerciaux, de mélanges calculés, et plus probablement de rapprochements fortuits des troupeaux dans les parcours. Il serait du plus haut intérêt de pouvoir démêler ces influences.

La supériorité des grandes tribus que je viens de signaler à des titres divers, dans le cercle privilégié de Constantine, paraît se rattacher à d'heureuses conditions locales.

Je trouve, en effet, dans des pièces émanées de la Préfecture de Constantine et de l'Inspection de la colonisation, que les pâturages sont abondants, riches en plantes légumineuses qui se développent spontanément sous l'influence des premières pluies et couvrent le sol, surtout dans les grandes plaines occupées par les Harectas et sur le territoire de Tebessa.

Dans ce dernier cercle on cite les moutons, ou plutôt les meilleurs troupeaux, comme constituant une race distincte et ancienne, désignée dans le pays sous le nom de race de Tebessa. Cette race, dont je n'essayerai pas de donner ici la caractéristique, se serait conservée pure; elle appartiendrait à la catégorie des moutons à grosse queue, qui ne se rencontrent, d'après les auteurs, que dans la partie de la province de Constantine, voisine de la régence de Tunis; sa laine, je l'ai répété souvent déjà, présente de grandes analogies avec la laine mérine, et représente la première qualité sur le marché. A Constantine elle est généralement cotée de 6 à 10 francs de plus que les autres laines par quintal. Il paraît qu'elle aurait été appliquée avec succès à la fabrication des draps du Midi les meilleurs.

La race dite de Tebessa a quelquefois été indiquée comme pouvant utilement être employée pour améliorer les races indigènes, et elle a été introduite par les colons dans quelques fermes du cercle de Philippeville; elle y prospère, au dire de la Société agricole du pays.

Ces faits doivent être pris en sérieuse considération, comme trahissant, chez les intéressés, le sentiment de la possibilité d'une amélioration dans le sens mérinos, et la croyance aux avantages d'une telle amélioration. Au reste, les laines si remarquables des Amer-Cheraga sont, en quelque sorte, une démonstration naturelle des bons effets que peut produire le principe mérinos, même dans les laines de bonne qualité du pays.

Les laines des Harectas se placent, sur le marché, après les laines de Tebessa et y constituent la seconde qualité.

J'ai nommé tout à l'heure, à la suite des Amer-Cheraga, les tribus des Ouled-Khebab et des Abd-el-Nour. Toute la vaste et riche plaine occupée par ces tribus, dans le sud-ouest du cercle de Constantine et jusqu'à Sétif, produit beaucoup de laines, presque toutes employées sur place à la confection des burnous, haïcks, couvertures et étoffes indigènes diverses. Les Abd-el-Nour se sont fait une réputation dans cette industrie.

Les autres laines du cercle de Constantine appartiennent à la troisième catégorie, celle des laines communes inférieures du pays; elles sont sans caractère, plutôt courtes que longues, chétives et maigres. Le lainier en fournit des échantillons provenant des tribus mêmes où nous avons pu constater des qualités supérieures, les Abd-el-Nour, les Ouled-Zooneï, les Zmouls, les Zaouïa-ben-Yahia; d'autres spécimens, les moins mauvais peut-être, viennent de la tribu des Segnia, placée entre quelques-unes des tribus qui ont été signalées au premier rang.

Ces détails viennent confirmer ce que nous savons déjà du peu d'homogénéité des troupeaux arabes. Mais il est à remarquer que là où les laines sont supérieures et les qualités spéciales, chez les Harectas et les Nemenchas, ces disparates sont beaucoup moins accusées les troupeaux moins bataillés, à en juger d'après les échantillons. La perfection relative, dans le sein de ces tribus, coïncidant avec une plus grande homogénéité des troupeaux, aurait-elle pour cause des soins plus intelligents, ou s'expliquerait-elle par des circonstances locales toutes particulières? C'est une question à laquelle il serait bien intéressant de pouvoir répondre.

Puisqu'il s'agit des causes qui pourraient rendre raison de la valeur plus grande des laines dans certaines tribus, j'appellerai de suite l'attention sur un fait qui me paraît avoir sa signification et son importance.

On remarque que, généralement, les laines provenant des béliers sont inférieures aux laines des brebis, et très-peu supérieures, quand même elles le sont, aux laines des moutons, qui sont communément les plus mauvaises de toutes. C'est un fait qui frappe et qui choque à première vue : il porte avec lui ses tristes conséquences. Mais, dans les tribus qui se distinguent par une laine meilleure, chez les Nemenchas spécialement, les laines des béliers font ordinairement exception. N'y a-t-il pas là aussi une cause à apprécier ? et, puisque les laines de ces tribus sont reconnues comme supérieures par les indigènes eux-mêmes, n'y aurait-il pas là, en même temps, un bon exemple à citer, d'un effet d'autant plus sûr qu'il serait emprunté aux Arabes mêmes, et appuyé sur une plus-value des produits qui est de notoriété publique ?

Après avoir parlé de la subdivision de Constantine, je passe à celle de Sétif, vers laquelle m'ont déjà conduit les faits relatifs aux Abd-el-Nour.

Dans toute cette subdivision, les laines ont des traits communs : elles n'appartiennent ni à l'une ni à l'autre des premières catégories, mais la presque totalité porte quelques traces du principe mérinos, et rentre, par conséquent, soit dans les laines de la quatrième catégorie, soit dans celles de la troisième, qui sont intermédiaires par rapport aux laines inférieures du pays et aux précédentes.

Les seules laines qui fassent exception sont des laines de la troisième catégorie, laines inférieures et pauvres, qui se rencontrent au centre du cercle de Sétif, chez les Ouled-Nabet, les Guellal, les Ouled-Gassem, et dans le kaïdat d'Aïn-Targrout, chez les Cedrata et les Ghazela.

Les laines inférieures, plus courtes, à principe mérinos, occupent deux grandes régions : — l'une située autour et au sud de Sétif, et comprenant, en tout ou en partie, les kaïdats des Rir'a-Ghebala (O. Braham, O. El-Madassi, Mouassa, O. Amer B. Seba), des Eulma-Gharaba (O. Saïd B. Slama), des Amer-Dahara et des Amer-Ghebala (O. Saïd); — l'autre occupant, au sud-ouest de la précédente, le vaste pays auquel on pourrait donner Bou-Saada pour centre, et embrassant spécialement le kaïdat des Ouled-Nayl et celui du Hodna ; la mèche y est plus carrée et la laine un peu meilleure, peut-être, que dans la première. J'ai déjà dit que cette région confine à une région analogue de la province d'Alger et semble s'y prolonger.

On trouve, dans le cercle de Bougie, des localités qui se rattachent à celles-ci pour la qualité de leur laine; ce sont, pour une partie au moins, les pays occupés par les tribus des Senahdja et des Aït-Bou-Messaoud.

Toutes les autres tribus de la subdivision de Sétif sur les laines desquelles le lainier nous a apporté des échantillons, et même un certain nombre de celles que j'ai indiquées dans les paragraphes précédents, produisent des laines inférieures du pays, accusant un principe mérinos plus ou moins marqué.

Les meilleures laines de ce groupe se trouvent, dans le cercle de Sétif, chez les Ouled-Mansour, les Ouled-

Ali-ben-Nacer (kaïdat des Amer-Ghebala), et chez les Rir'a-Dahara.

Les laines du même genre, qui se produisent dans le cercle de Bordj-bou-Areridj, se placent ensuite; elles sont plus communes, mais assez régulières. C'est au nord-ouest de ce cercle, dans le Djurdjura, qu'habitent les Béni-Abbès, chez lesquels se fabriquent des burnous rayés blanc et gris pâle, fort épais, et qui servent aux indigènes dans les mauvais temps.

Puis viennent les laines analogues du cercle de Bougie, inférieures aux précédentes, mais assez suivies et ne manquant pas de régularité. Les meilleures laines de ces pays sont celles de quelques troupeaux des Senahdja, des Amadan et des Fenaïa : leur mèche est encore basse, celle des autres est plus longue.

En somme, on se fera une idée assez exacte de l'état des laines dans la subdivision de Sétif, en les considérant comme inférieures, en masse, aux laines de la subdivision de Constantine, mais comme supérieures à la plupart des laines des autres parties de la province tout entière, et comme devant cette supériorité à l'élément mérinos.

Près des laines dont je viens de parler en dernier lieu, dans la subdivision de Sétif, se placent les laines du cercle de Biskra, meilleures et à mèche plus courte que les laines du cercle de Batna.

Celles-ci, assez régulières parfois, appartiennent à la catégorie des laines du pays, aussi bien que les laines provenant des cercles de la province de Constantine, dont il n'a pas encore été question : ceux de Philippeville, de Bône, de Lacalle et de Ghelma. Les laines de ces trois derniers cercles sont plus particulièrement sans caractère, et bigarrées dans leur ensemble.

Je distinguerai cependant, dans le sud-est du cercle de Ghelma, certaines laines plus courtes, moins mauvaises, produites dans le kaïdat des Hanenchas. Toutefois, comme je ne juge le pays que d'après les échantillons que m'offre le lainier, il m'est impossible de trouver dans ces laines la justification des éloges dont elles ont été quelquefois l'objet. Je ne comprends pas, en prenant le lainier pour un miroir fidèle de la production, et sauf rectification de mon appréciation, qu'on ait été conduit à considérer les Hanenchas comme possédant seuls les animaux propres à régénérer l'espèce ovine dans ces contrées. Je préférerais de beaucoup, je l'avoue, les béliers des Harectas ou ceux de Tebessa. Peut-être les laines des Hanenchas, qui s'écoulent par le marché de Bône, ne sont-elles aussi estimées que parce qu'elles se trouvent, sur ce marché, en concurrence avec les laines de qualité inférieure, produites par toute la région qui s'étend du sud de la subdivision de Bône à la mer.

Si je résume, d'une manière générale et dans l'ordre d'idées que j'adopte, les faits que je viens d'analyser, voici comment les diverses qualités de laines peuvent se localiser pour toute la province de Constantine :

Dans la zone du littoral, les qualités inférieures du pays ;

Dans la zone centrale, les meilleures qualités dans des genres divers ; très-remarquables et toutes spéciales, en quelque sorte, à l'est ; inférieures à l'ouest, mais gardant des traces plus prononcées de mérinos ;

Dans la zone plus méridionale, des qualités inférieures, se rattachant cependant, par des caractères plus analogues, au type mérinos des laines de la zone précédente.

J'aurai moins de distinctions à établir, moins de particularités à signaler dans les laines de la province d'Alger, que je vais maintenant étudier.

C'est dans le cercle d'Aumale, dans celui de Dellis, rapprochés tous deux de la province de Constantine, et dans la partie du cercle d'Alger intermédiaire aux deux précédentes contrées, que s'observent les quelques exemples de laines qui appartiennent aux bonnes qualités de la première catégorie. Ces régions forment un premier groupement, qui représente à peu près, pour la province d'Alger, la partie médiane de la zone centrale de la province de Constantine; le principe mérinos s'y trahit le plus ordinairement, surtout dans le cercle d'Aumale.

Les laines de ce groupe, à mèche longue, très-bonnes pour le peigné et assez régulières de qualité, se trouvent chez certaines tribus du kaïdat de Krachna (cercle d'Alger) : (Aouch-Ourad-Mehiaddin, Aouch-Rezergha) ; — chez les Beni-Thour (cercle de Dellis), et chez les Isser-Cheraga (cercle de Dellis).

Les qualités voisines, à mèche plus basse, plus fine,

plus régulière, dans lesquelles se révèle l'élément mérinos, se montrent chez des tribus du kaïdat de Kra-chna (cercle d'Alger) : (Aouch-Bel-Djahar, Aouch-O.-Brahim, Aouch-Zian, Beni-Zahia, Aouch-el-Ouachria); — des Isser-Cheraga (cercle de Dellis) et Gheraba (cercle d'Alger) : (Aouch-Oued-el-Mardja, Aouch-O.-Khelif, Aouch-O.-Zian); — d'El-Sahari (cercle d'Aumale); — du Dirah inférieur et supérieur (cercle d'Aumale) : (O.-Sidi-Aïssa, O.-Sidi-Hadjeres, O.-M'cerriem, O.-Dris); — des Arib-Gheraba et Cheraga (cercle d'Aumale) : (O.-Zidane, O.-Mehaïa); — du bach-aghalik des Beni-Selimane-Gheraba (O.-Soltane); — dans la tribu des Soumata (cercle de Blidah), et chez les O.-Salem (Kaïdat de Bouïra) (cercle d'Aumale).

Une autre région, bien caractérisée, est celle qui embrasse, dans le sud du cercle de Boghar, c'est-à-dire dans la partie la plus méridionale de la province d'Alger, le vaste pays dont Djelfâ est comme le point central, et qui semble, je l'ai déjà dit, n'être que la continuation des parties voisines où se présentent, dans la province de Constantine, les laines à principe mérinos.

Des laines de même nature se rencontrent aussi, sur un point circonscrit, au nord de la région dont il est question, dans la tribu de Titery, cercle de Médéah. C'est une sorte d'annexe au groupe principal.

Sur le marché de Médéah, les laines de cette qualité, spécialement celles des Ouled-Naïl, grande tribu de la région dont il s'agit, et celles de Titery qui s'y rattachent, sont les plus estimées, mises au nombre des meilleures de l'Algérie, et se placent aux conditions les plus avantageuses. Cette année, au rapport de M. Bernis, les premières ont été vendues 120 francs le quintal en suint, et les secondes 110 francs. Ici, comme dans la province de Constantine, ce seraient donc les laines les plus fines, et, relativement, les plus rapprochées du type mérinos, qui obtiendraient le plus de faveur.

Ce sont les laines de cette partie méridionale de nos possessions que les Beni-Mzab, habitant encore plus au sud, enlèveraient à notre commerce, suivant quelques récits, pour les employer en partie à la fabrication d'étoffes destinées aux Arabes, et en diriger le surplus vers la régence de Tunis. Les Mozabites s'assureraient du produit de la tonte, en faisant des avances aux producteurs, choisiraient ainsi et s'approprieraient les plus beaux lots. C'est une exploitation contre laquelle des mesures ont été déjà prises, à ce qu'il paraît.

Au-dessous de la grande région de Djelfâ, se trouvent les tribus du cercle de Laghouat, sur lesquelles le lainier ne fournit aucun renseignement. Mais je vois, dans une lettre émanant de M. le Directeur des affaires de l'Algérie, qu'un troupeau modèle est formé à Laghouat, par les soins du commandant supérieur du cercle, et qu'il se compose de six cents brebis choisies; le nombre de têtes doit être porté, ou même a été peut-être porté déjà à mille (1). Il est présumable que ces

(1) Depuis que ce travail a été achevé, des expériences ont été entreprises et sont continuées à Laghouat : on y essaye le bélier mérinos de Rambouillet.

animaux appartiennent aux races du Sahara, qui produisent les laines que je viens de classer ; mais des indications précises manquent sur ce point.

Toutes les laines qui se produisent dans les diverses parties de la province d'Alger que je n'ai pas encore nommées, appartiennent à la troisième catégorie, celle des laines du pays de moindre qualité. On y observe cependant des différences que je rapporte à trois groupes.

Ainsi, les unes, à mèche plus courte généralement, portent quelques traces du caractère mérinos, et se trouvent, je dirai, naturellement, dans les parties qui avoisinent le cercle d'Aumale, Titery et la région de Djelfâ, c'est-à-dire les pays où j'ai signalé précédemment, avec des nuances diverses, l'existence de l'élément mérinos. Les échantillons de cette nature sont :

Dans le cercle de Médéah, ceux des tribus des O. Mokhtar-Cheraga et des Sahari-Altaya ; et, dans le cercle de Boghar, ceux des tribus de l'aghalik de Bou-Aïche : (Bou-Aïche, O.-Sidi-Aïssa-Souaguin, O.-Sidi-Aïssa-el-Oureugh).

D'autres laines ont la mèche plus longue, et ne rappellent plus le type mérinos; elles se placent immédiatement avant les plus mauvaises, et occupent des localités diversement mêlées aux précédentes. Ce sont, dans le cercle de Médéah, celles des Moktar-Gheraba, des Mouyadate-Cheraga et Gheraba ; — dans le cercle de Boghar, celles des Rhaman ; — dans le cercle d'Aumale, celles de plusieurs tribus dont quelques-unes ont été déjà citées pour des laines meilleures, dans le Dirah supérieur et inférieur : (O.-Bou-Arif, O.-S.-Mouça, O.-Barka, Adaoura--Cheraga et Gheraba, O.-Dris, O.-M'eriem, Selamates, O.-Abdallah); — chez les Arib Cheraga et Gheraba : (O.-Mehaïa, O.-Zidane); — dans le kaïdat de Bouïra (O.-Salem); — chez les O.-Sidi-Ameur ; — dans le cercle de Ténès, celles des Mahine et des Beni-Merzoug ; — dans le cercle de Milianah, celles de l'aghalik des Braz ; — dans le cercle de Teniet-el-Had, celles des B.-Maïada, O.-Ayad, B.-Maharez.

Enfin d'autres laines, les plus imparfaites de toutes, les plus jarreuses, les moins caractérisées, et en même temps les plus longues ordinairement, se rencontrent, çà et là, diversement mêlées aux catégories précédentes, mais dominent dans les cercles de Milianah et d'Orléansville ; on peut dire, d'une manière générale, dans les parties qui s'avancent le plus vers la province d'Oran.

En résumé, et abstraction faite des détails, on voit que la province d'Alger ne possède pas de qualités spéciales, comme le sont les premières laines de la province de Constantine ; que le cachet mérinos y est généralement empreint ; que les meilleures laines s'y produisent au centre est et au sud, en connexité avec les parties voisines de la province de Constantine, et que les laines moins bonnes s'y trouvent dans le nord-ouest, trahissant ainsi une tendance à prendre une sorte de parenté avec les laines de la province d'Oran.

Les fabricants adressent aux laines de la province d'Alger le reproche général de donner peu de clos aux étoffes.

Les laines de la province d'Oran, dont il me reste à parler, sont inférieures à celles des deux autres provinces ; elles appartiennent assez uniformément à la troisième catégorie, sans principe mérinos, et sont généralement communes, longues, chétives et légères ; elles sont, en outre, peu chargées, semblent produites par des animaux paissant sur des terres pauvres; elles paraissent, d'ailleurs, très-aptes à faire de la laine fine.

Les meilleures se trouvent principalement dans le centre est, en contiguïté avec le centre de la province d'Alger ; elles occupent tout le cercle de Tiaret et une partie de celui de Mascara ; on en retrouve des échantillons dans le cercle d'Oran.

Les moins bonnes sont répandues dans tout le reste de la province. Les laines de cette sorte, qui se trouvent dans les cercles d'Oran, d'Aïn-Temouchent et de Sidi-bel-Abbès, ont un air de famille avec celles des cercles de Mostaganem et d'Ammi-Moussa, qui sont, cependant, plus régulières en général.

Celles des cercles de Mascara et de Saïda sont, dans leur ensemble, moins pauvres et moins légères que celles-ci.

Celles des cercles de Sebdou, de Lala-Maghnia, de Nemours et de Tlemcen, très-longues et très-communes, assez régulières pourtant, constituent les dernières qualités.

Je ne parlerai que pour mémoire des échantillons qui proviennent d'une brebis et d'un agneau de Touareg, et qui semblent représenter l'état primitif de la robe du mouton. Des poils soyeux blancs couvrent tout le corps de l'animal, et ne laissent saillir, que sur les épaules, des touffes noirâtres de poils laineux, ceux dont le développement exclusif constitue maintenant la laine des moutons domestiques. Un trop grand nombre de moutons algériens montrent encore de ces poils primitifs qui, s'ils ne dominent plus dans leurs toisons, n'en sont pas suffisamment disparus et les rendent jarreuses.

On cite, dans la province d'Oran, quelques localités qui écoulent, en Algérie et dans les autres États barbaresques, les produits de certaines fabrications spéciales.

Ainsi Mascara et Tlemcen fabriquent des burnous de laine noire qui sont en grande réputation ;

Nédroma et Mascara fabriquent des haïks ;

Tlemcen fabrique, en outre, des haïks laine et soie très-recherchés ;

La petite ville d'El-Kalaa porte, sur les marchés de Tunis et de l'Algérie, des tapis d'une nature particulière et fort estimés.

Des tapis de laine très-longue, d'une assez grande valeur, et qu'il est difficile, à ce qu'il paraît, de se procurer aujourd'hui, même en les commandant d'avance, sont fabriqués dans les ksours et les oasis désignés par l'épithète de Sahariens, et qui occupent le Beledel-Djérid, région du versant méridional de l'Atlas.

Les détails nombreux dans lesquels je viens d'entrer justifieront, je l'espère, les idées générales que j'ai présentées, au commencement de ce travail, sur la nature des laines d'Algérie, sur la répartition de leurs qualités diverses entre les différentes contrées du pays, sur leur valeur dans chaque province. J'aurai achevé la comparaison que je poursuis, autant du moins qu'il m'est permis de la faire complète, en m'appuyant sur le petit nombre de renseignements dont je dispose, quand j'aurai dit qu'au point de vue du rendement au lavage, les laines de la province de Constantine se placent les premières, celles de la province d'Oran les dernières, et celles de la province d'Alger dans un rang intermédiaire rapproché davantage de celles de Constantine. En effet, les laines de la province de Constantine paraissent rendre, en moyenne, de 52 à 55 pour 100, celles de la province d'Alger de 50 à 52, et celles de la province d'Oran de 45 à 50. En admettant que ces chiffres ne mesurent pas les différences avec une exactitude absolue, la relation générale resterait probablement telle qu'ils l'établissent, car elle est tout à fait en harmonie avec les caractères mêmes des laines.

De l'étude attentive du lainier, dont j'ai essayé d'analyser et de grouper les indications, j'ai retiré, comme impression dernière, la conviction de la possibilité d'obtenir, avec les laines d'Algérie, des laines longues, lisses, et des laines très-fines, c'est-à-dire les qualités dont le besoin augmente, en même temps que la pénurie s'en fait sentir dans l'industrie (1). C'est en prenant exclusivement la nature des laines en considération, que j'exprime cette opinion ; je ne parle évidemment, ici, que de la possibilité résultant de l'aptitude de ces laines, abstraction faite de la possibilité des moyens de production, dont je dirai tout à l'heure quelques mots.

Cette possibilité, ainsi définie et limitée dans son sens, résulte de tous les faits pu s és, en quelque sorte, dans l'état naturel de l'industrie lainière en Algérie ; j'ai cité les plus saillants, toutes les fois qu'ils ont passé sous mes yeux. Elle trouve une confirmation d'un autre genre dans les résultats des améliorations tentées dans le pays.

Le lainier nous apporte, en effet, des laines du troupeau de MM. Bonfort et Dupré de Saint-Maur, propriétaires à une trentaine de kilomètres d'Oran, aux localités de Tesalmet, Arbal et Darbeïda, et qui ont essayé du croisement mérinos. Trente-six échantillons nous montrent les laines des brebis indigènes de choix, employées par les producteurs, qui en possèdent un millier. Je ne sais s'il est bien établi que ces brebis viennent des Ouled-Naïl (région de Djelfâ), comme paraît le supposer une note émanée de l'administration ; leurs laines semblent analogues à celles que nous

(1) J'ai développé dans mon Cours du Conservatoire et à la Société centrale d'agriculture, où cette question a été l'objet d'une discussion approfondie, cette opinion sur la possibilité et l'opportunité de produire des laines fines en Algérie.

trouvons dans le cercle de Mostaganem. Quinze échantillons proviennent des béliers-mérinos de Perpignan, qui ont été donnés à ces mères. Quarante-cinq échantillons ont été fournis par des métis de premier croisement. L'amélioration est évidente, bien que les béliers eussent pu être mieux choisis encore ; elle fait concevoir de belles espérances. Ces premiers métis auraient produit une augmentation de 60 à 65 francs par quintal de laine.

Il est important de remarquer que ce beau résultat a été obtenu par un premier croisement entre des brebis médiocres et des béliers relativement supérieurs, c'est-à-dire dans des conditions où l'amélioration sera toujours très-sensible. C'est une circonstance capitale qu'il ne faut pas perdre de vue, quand il s'agit d'opérer dans un pays tel que l'Algérie, où il ne suffit pas de frapper juste, mais où il faut aussi frapper fort sur l'esprit des Arabes, naturellement méfiants, et qui doivent être entraînés par un premier succès. J'ai dit, en commençant, que j'avais eu pour but, en dressant la carte figurative des qualités de laine, d'indiquer les points sur lesquels pourrait porter d'abord l'amélioration pour être la plus efficace et la plus démonstrative ; il restera à décider si ces points sont ceux où les animaux sont les meilleurs, ou ceux sur lesquels ils se montrent médiocres.

Au reste, l'initiative prise par MM. Bonfort et Dupré de Saint-Maur n'est pas restée sans écho parmi les indigènes. Le rapport de M. Bernis nous apprend que des chefs arabes des environs d'Orléansville ont songé aussi au croisement mérinos, et qu'ils ont fait venir, pour leur compte, des béliers de Naz qui ont assez bien réussi. D'autre part, M. Poncet, vétérinaire en Afrique, annonce, dans une lettre qu'il a adressée, le 25 mai 1854, à la Société centrale d'agriculture, que des tribus vont acheter les métis nés à Arbal. L'influence sur les Arabes paraît donc possible; on voit, aux incertitudes qui se trahissent dans le choix des moyens d'amélioration, qu'elle devient nécessaire.

Pour compléter l'historique de l'expérience faite à Arbal, j'ajouterai, d'après la lettre de M. Poncet, dont j'ai donné la date, que sur les vingt béliers mérinos de Perpignan introduits en Algérie, dix-neuf sont morts de la maladie du sang-de-rate. Cette mortalité effrayante est-elle le résultat de circonstances tout exceptionnelles ? n'est-elle qu'un simple accident ? Serait-elle due à quelque faute, à l'absence de précautions, à un manque de mesure dans l'alimentation, comme pourrait le faire supposer la nature même de la maladie qui l'a produite ? Est-elle, au contraire, la conséquence des influences locales; indique-t-elle l'impossibilité d'un acclimatement ? Ce sont là des questions qu'il faudrait absolument pouvoir résoudre sous toutes leurs faces.

Si je suivais cet ordre d'idées, je serais conduit à parler des influences naturelles auxquelles les moutons sont exposés en Algérie, et des habitudes d'élevage générales chez les Arabes, deux causes de modification aussi puissantes l'une que l'autre et qui, combinées, ont amené l'espèce ovine au point où nous la trouvons aujourd'hui. Mais la discussion complète de ces influences n'entre pas dans le cercle que je me suis tracé. Je dois cependant, après avoir étudié la laine, abstraction faite de la machine animale qui la produit, rappeler sommairement les conditions principales au milieu desquelles fonctionne cette machine, puisqu'il s'agit de les modifier.

Je laisse de côté tout ce qui est relatif à la monte, à la tonte, à toutes les pratiques ignorantes, à tous les détails d'exploitation qui sont purement et simplement le fait de l'homme, qui n'ont pas une raison d'être dans les nécessités mêmes de l'existence des Arabes, et qui, malgré la résistance de la routine, pourront être changés par le contraste du bon exemple et l'attrait du gain. Je signale seulement les influences modificatrices qui ont une origine, je puis dire rationnelle, dans la nature du pays et les mœurs des habitants. Elles se rapportent à trois principales : l'alternance de l'abondance et de la disette dans l'alimentation des animaux ; le manque d'abri ; la transhumance.

En fait, ces causes découlent d'une même origine, la vie nomade des Arabes entraînant, comme conséquence, l'absence complète de réserves de fourrages. La construction d'un abri conduirait à celle d'une bergerie ; la bergerie appellerait la maison ; la maison, le village et l'habitation fixe, avec de la culture et des approvisionnements pour les temps de détresse. Le mouton et l'Arabe, naturellement errants, arriveraient ainsi, ensemble et l'un par l'autre, à la vie sédentaire. Ce résultat, si désirable, est peut-être dans la force des choses, dans la logique des intérêts ; mais il faut reconnaître qu'on ne l'obtiendra pas facilement ; la nature s'unit, ici, aux habitudes de l'homme pour opposer de sérieux obstacles.

Et cependant, pour la production des laines très-fines, celle qui paraît la plus avantageuse pour l'Algérie et la France, c'est précisément contre ces influences qu'il faudrait lutter, car elles sont, en grande partie, antipathiques à cette qualité de laines. Si, d'une part, les moutons producteurs d'une laine très-fine se contentent d'une nourriture peu abondante, ils demandent à la trouver d'une manière uniforme et constante ; et, d'autre part, le parcage et la transhumance durcissent les laines exposées aux alternatives d'humidité et de sécheresse, au contact des corps étrangers. Toutes ces chances veulent être attentivement pesées.

Je rappellerai, en outre, que les brebis algériennes sont généralement laitières, que tout leur lait est donné aux agneaux durant les quinze à vingt premiers jours de leur existence, la seule période pendant laquelle ces animaux sont abrités sous la tente; passé ce temps, le lait est employé à la nourriture de la famille arabe, et il ne fait défaut que trois semaines ou un mois avant la mise-bas ; les brebis sont, en outre, très-fécondes et donnent deux et trois agneaux par an. Ce sont là des facultés précieuses qu'il faudra d'abord se garder peut-être d'altérer, et qui commandent autant de ménagement et de respect que les habitudes industrielles des indigènes, qui emploient aujourd'hui à des fabrications usuelles les laines diverses que le pays produit. Il est vrai que l'amélioration qu'il s'agit de poursuivre s'opérera progressivement, que la transformation ne sera ni brusque ni rapide, et que les transitions se trouveront ménagées.

Un fait capital trouve ici sa place. Les hommes spéciaux ont admiré, à l'exposition de Londres de 1851, des draps fins envoyés par Tunis ; les laines qui ont servi à la confection de ces draps auraient été fournies par des troupeaux de mérinos entretenus par le bey. D'où viennent ces animaux? quels soins reçoivent-ils et au milieu de quelles conditions? Voilà autant de circonstances qu'il serait fort important de connaître dans l'intérêt de notre Algérie.

Telles sont les observations principales que j'ai cru devoir ajouter à celles que m'a suggérées l'étude du lainier, pour remplir ma tâche aussi complétement qu'il m'était permis de le faire. Les développements que j'ai donnés à ce travail viennent de l'intérêt extrême qui s'attache à ces études, et de l'importance même de ces questions, dont la solution contient, en définitive, l'avenir de notre établissement en Afrique ; ils étaient, d'ailleurs, provoqués par la valeur de la riche collection d'échantillons soumis à mon examen.

J'ai, dans le courant de ce travail, formulé quelques *desiderata* relativement aux renseignements nécessaires pour éclairer certains points que j'ai signalés en leur lieu et place. J'ajouterai qu'il est à regretter que nous ne connaissions pas exactement le nombre de têtes qui composent les troupeaux au milieu desquels ont été recueillis les échantillons; cette indication n'est donnée que pour la province d'Oran.

Il eût été très-désirable, aussi, de pouvoir apprécier le poids des toisons mieux que par une moyenne générale. Je ne trouve sur ce sujet que très-peu de chiffres qui se rapportent au cercle de Philippeville, et d'où il résulte que le poids des toisons de moutons est, en moyenne, de 1k.850, celui des toisons de brebis, de 1k.581, et celui des toisons d'agneaux, de 1k.083.

Enfin il eût été fort utile de connaître la valeur commerciale de ces toisons, et de pouvoir calculer les bénéfices actuels et possibles de l'industrie lainière ; j'ai rapporté les quelques renseignements fournis par les pièces que j'ai eues à ma disposition.

Si j'essayais de calculer, d'après les données générales que nous possédons, la quantité totale de laine produite en Algérie, celle qui est employée sur place, et celle qui peut entrer dans le commerce, voici à quels résultats j'arriverais :

En comptant sur une population ovine de dix millions de têtes, se renouvelant à peu près en six ans, on peut évaluer à deux millions environ le nombre d'agneaux qui ne fournissent pas de laine.

Le poids de la toison étant estimé à 1 kilogramme 1/2, en moyenne, nombre qui paraît plutôt fort que faible, la production totale de laine en suint peut être portée à 12 millions de kilogrammes par an.

Étant admis, avec quelques statisticiens, que la consommation arabe en lainages, pour l'habillement, soit d'un demi-kilogramme par tête, et que les industries de la tente exigent, en outre, le tiers de la quantité employée pour vêtements, on trouve que la consommation totale, pour trois millions d'indigènes, s'élèverait à 2 millions de kilogrammes de laine.

Il resterait ainsi 10 millions de kilogrammes de laine pouvant entrer annuellement dans le commerce.

Il y a donc d'importantes données à recueillir encore, des études préliminaires indispensables à compléter pour embrasser la question dans ses détails et dans son ensemble, et préparer une solution. J'ai essayé seulement d'indiquer l'état actuel de la question, telle que me l'a présenté l'étude des échantillons de laine qu'il m'a été possible d'examiner.

FIN.

TABLE DES MATIÈRES

TABLE DES GRAVURES.

FIN DE LA TABLE DES MATIÈRES ET DES GRAVURES.

Corbeil, typ. et stér. de Crété.

www.ingramcontent.com/pod-product-compliance
Ingram Content Group UK Ltd.
Pitfield, Milton Keynes, MK11 3LW, UK
UKHW021126220726
13924UKWH00004B/1925

9 782019 224622